MANAGEMENT GUIDE

For

SHANGHAI

GREEN BUILDING

OPERATION

上海市绿色建筑运行管理手册

上海市绿色建筑协会　编著

中国建筑工业出版社

图书在版编目（CIP）数据

上海市绿色建筑运行管理手册/上海市绿色建筑协会编著. —北京：
中国建筑工业出版社，2019.12
ISBN 978-7-112-24493-5

Ⅰ.①上… Ⅱ.①上… Ⅲ.①生态建筑－运行－上海－手册 Ⅳ.①TU-023

中国版本图书馆CIP数据核字（2019）第270011号

责任编辑：滕云飞
责任校对：赵听雨

上海市绿色建筑运行管理手册
上海市绿色建筑协会　编著
　　＊
中国建筑工业出版社出版、发行（北京海淀三里河路9号）
各地新华书店、建筑书店经销
北京建筑工业印刷厂制版
北京市密东印刷有限公司印刷
　　＊
开本：880×1230毫米　1 / 16　印张：7¾　字数：172千字
2020年1月第一版　　2020年1月第一次印刷
定价：**48.00**元
ISBN 978-7-112-24493-5
　　（35015）

版权所有　翻印必究
如有印装质量问题，可寄本社退换
（邮政编码 100037）

编委会

编委会主任：秦宝华

副　主　任：许解良

编委会委员：魏敦山　江欢成　陈　宁　沈立东　汪孝安

主　编

张俊杰

编写组

组　长：张伯仑

副组长：张　俊

成　员（按姓氏笔画为序）

马伟骏　马晓琼　王　峰　王　颖　王华星　尹　尼

古小英　朱　琦　李佳毅　连之伟　张亚峰　张智力

陈众励　邵民杰　钱颖初　高小平　高海军　梁　超

前　言

《上海市城市总体规划（2017—2035年）》明确要求牢固树立创新、协调、绿色、开放、共享的发展理念，推进资源全面节约和循环利用，倡导简约适度、绿色低碳的生活方式，努力把上海建设成为创新之城、人文之城、生态之城，卓越的全球城市和社会主义现代化国际大都市。

建筑运行是建筑全寿命期的一个重要环节，直接关系到建筑从规划、设计、选材、施工、运营、拆除等各个环节对资源和环境的影响。在上海市住房和城乡建设管理委员会指导下，由上海市绿色建筑协会组织编写的《上海市绿色建筑运行管理手册》（以下简称"手册"）以绿色建筑运行质量为导向，使得绿色建筑设备设施和系统运行管理，在绿色建筑规划、设计、施工、调试、验收、调适、交付、培训、运行（调适）、更新和拆除的各个过程阶段，确保能够实现设计意图和业主使用要求，推进建筑能效提升和绿色建筑发展质量，确保绿色建筑各项技术措施落实到位，实现绿色建筑健康、高效、可持续的运行维护。手册既是对本市绿色建筑运行管理工作实践的总结和归纳，也是对现行相关标准、规定和技术要求的分析和解读。

手册基于上海市的气候、资源、经济发展水平，人居生活特点和建筑发展现状，充分体现"建筑全生命期信息模型应用、建筑整体连续调适与优化运行、多任务集约化能源网监控管理、低成本和无成本运行维护技术、绿色运行检测与绩效评价"等最新研究成果，适应新时代高质量绿色建筑"工业化、智慧化、健康化、低碳化、自适应"的发展方向，以加强对绿色建筑项目的建设及运行质量评估、推进绿色建筑能效提升的发展需要，更好地指导绿色建筑设计、施工与运行管理工作。

手册对照国家现行标准《绿色建筑评价标准》GB/T 50378—2019、现行行业标准《绿色建筑运行维护技术规范》JGJ/T 391—2016和住房和城乡建设部《绿色建筑后评估技术指南》（办公和商店建筑版），细化绿色建筑运行管理的具体要求，确定绿色建筑运行管理的技术体系定位、技术指标构架、综合调适流程、绩效评估指标，并协调处理与其他相关标准的合理衔接，注重科学性、适宜性、可操作性和可持续性。

手册将可供绿色建筑运行管理人员、房地产开发企业以及工程项目经理、规划与设计人员、建设管理人员等参考使用，也可作为本市相关部门宣传贯彻的材料和培训的辅导材料。

目 录

1 基本规定

绿色建筑运行服务企业的前期物业服务合同应为开发商与物业服务企业签署的正式合同，临时管理规约应有业主签字和签署日期，管理规约应有明确的生效日期，物业服务合同应为业主（或业主大会授权的业主委员会）与物业服务企业签署的正式合同。

绿色建筑运行服务企业应成立绿色建筑运行工作小组并设置专业岗位。工作小组架构清晰、职责明确，专业岗位工作人员掌握绿色物业管理项目评价内容、熟悉绿色建筑运行各相关工作进展情况。

绿色建筑运行服务企业应根据绿色建筑项目的类型、寿命周期等特点，制定绿色建筑运行工作方案，并明确量化目标、财务目标、时间目标和外部目标。量化目标包括全年能耗量、单位面积能耗量、单位服务产品能耗量等绝对值目标，以及系统效率、节能率等相对值目标。财务目标包括资源成本降低的百分比、节能环保项目的投资回报率，以及实现节能减排项目的经费上限等。时间目标包括设置完成目标的期限和时间节点。外部目标指业主满意度等。

绿色建筑运行服务企业应建立完善的绿色采购制度，严格依照绿色采购制度实施采购。

绿色建筑运行服务企业应依据节能量、节水量、垃圾分类、公众评价等绿色建筑运行工作成果建立激励制度。

绿色建筑运行服务企业应根据ISO 14001环境管理体系认证、现行国家标准《能源管理体系要求》GB/T 23331的能源管理体系认证的相关要求开展绿色建筑运行工作。

绿色建筑运行服务企业应建立完备的绿色建筑运行管理自评机制，定期开展绿色建筑运行公众评价调查工作。

绿色建筑运行服务企业应制定绿色建筑运行人员培训制度及培训方案，定期开展绿色建筑运行培训工作，并保留培训记录。

绿色建筑运行服务企业应建立完善的绿色建筑运行宣传活动管理制度，开展宣传活动，并保留相关记录及总结文件。

2 综合调适

2.1 基本要求

在工程交工前，建筑设备系统应进行有生产负荷的综合效能调适。

综合效能调适应包括夏季工况、冬季工况以及过渡季工况的性能验证和调适。

建设单位交付给运行维护管理单位时，应同步提供综合效能调适的过程资料和报告。综合效能调适报告应包含该项目系统的详细介绍、调适工作流程、风平衡记录、系统联合运行报告、综合效能调适过程中发现的问题日志及解决方案，以及对运行人员的培训手册和培训记录。

2.1.1 综合效能调适的组织

综合效能调适宜由建设单位组织，在调适顾问的指导下，由施工单位实施，建设单位、设计单位、运行维护管理单位和主要设备供应商共同组成调适团队参与配合。

综合效能调适顾问应编制综合效能调适方案，并向成员介绍调适计划、职责范围，以及综合效能调适过程所需资料清单。

调适计划应由综合效能调适顾问负责编制，在汇总团队成员讨论意见的基础上，完善形成最终的调适计划，并作为最终综合效能调适报告的附件，提交业主方备案保存。

调适资料清单应包含系统相关的设计图纸、参数、风平衡计算表、施工过程记录、设备样本以及系统自控逻辑等技术资料。

调适问题日志宜由调适团队在调适过程中建立，并定期更新。

培训记录应由综合效能调适团队建立并交由业主保管，用以记录对物业管理人员的培训过程。

2.1.2 综合效能调适的技术要求

综合效能调适应包括现场检查、平衡调适验证、设备性能测试及自控功能验证、系统联合运转和综合效果验收等过程。

综合效能调适应对现场主要设备和系统进行检查。抽样要求为主要设备全数检查，末端设备的抽查数量不得少于50%。每个系统均应进行检查。

综合效能调适应对水系统和风系统进行平衡调适验证，并应符合以下要求：

- 抽样要求为主管路和次级管路全数平衡验证，二级管路平衡验证不少于30%，末端风口平衡验证不少于10%；
- 验证结果应符合现行国家标准《建筑节能工程施工质量验收规范》GB 50411的相关要求。

综合效能调适应对主要设备实际性能进行测试，并应符合以下要求：

- 抽样要求为主要设备全数测试；
- 实际性能测试与名义性能相差较大时，应分析其原因，并进行整改。

综合效能调适应对自控功能进行验证，并应符合以下要求：

- 自控功能验证应包括点对点验证、控制逻辑验证和软件功能验证；
- 自控功能验证结果应符合设计和实际使用要求。

综合效能调适应对系统进行联合运转及不同工况验证，并应符合以下要求：

- 系统联合运转应包括夏季工况、冬季工况以及过渡季工况；
- 系统联合运转调适结果应符合设计和实际使用要求。

系统联合运转结束后，应出具相应的系统联合运转报告。报告应包括系统的施工质量检查和检测报告、设备性能检验报告、自控功能验证报告和系统间相互配合调适运转报告。

2.1.3 交付与资料移交

建设单位应组织相关单位向运行维护管理单位进行正式交付与资料移交，并符合以下要求：

- 移交的资料应齐全、真实；
- 应包含所有资料的电子档版本。

建筑交付时，应移交绿色建筑新技术和新产品的运行维护方案，并至少包含以下内容：

- 运行维护技术要求；
- 运行维护人员要求；
- 运行维护资金安排计划；
- 必要的检测和测评报告。

建筑交付时，应对运行维护人员进行培训。培训应由建设单位组织，施工方、运行维护管理单位、设计单位、设备供应商、自控承包商和调适顾问单位等参加。

2.1.4 室内环境主要控制参数

室内环境主要控制参数　　　　　　　　　　　　　　　　　　　　　　表2-1

参数		单位	控制要求	
			Ⅰ级	Ⅱ级
温度	冬季	℃	22~24	18~22
	夏季		24~26	26~28
相对湿度	冬季	%	≥30	—
	夏季		40~60	≤70
风速	冬季	m/s	≤0.20	≤0.20
	夏季		≤0.25	≤0.30

参数		单位	控制要求	
			Ⅰ级	Ⅱ级
CO_2浓度	1h平均	%	室外大气浓度+0.055	室外大气浓度+0.080
	日平均			
CO浓度	1h平均	mg/m^3	10	
	日平均		4	
TVOC	1h平均	mg/m^3	0.5	0.6
	8h平均			
甲醛	1h平均	mg/m^3	0.08	0.10
	8h平均		0.06	0.08
$PM_{2.5}$	日平均	$\mu g/m^3$	35	75
	年平均		15	35
PM_{10}	日平均	$\mu g/m^3$	50	150
	年平均		40	70

2.2 建筑

2.2.1 基本要求

外墙、外窗应无明显冷桥和空气泄漏点。

空调系统或供暖系统运行时，外窗应关闭。在制冷季运行时，在室外温度较低的夜间，宜配合通风系统开启外窗进行建筑物夜间蓄冷操作。在制冷季的初末期及过渡季，宜配合通风系统开启外窗进行建筑物通风操作。

在制冷季运行时，应在太阳辐射强烈的白天最大程度遮蔽太阳光。在供暖季运行时，应在太阳辐射强烈的白天最大程度利用太阳光，在太阳辐射较弱时最大程度遮蔽建筑对外辐射。

常闭门应具有良好的气密性。人流量小的常开门应设置为旋转门或设置门斗、门帘。人流量大的出入口应设置门斗、门帘及风幕。

2.2.2 运行检测

应监测主要的出入口人流量，并进行记录。

应每天对窗、遮阳、门、风幕、门帘等运行情况进行巡视，并记录运行情况。

建筑外墙外保温系统应进行周期性的检查，检查周期根据外墙外保温系统的已使用年限，按表2-2确定。

Application Guide for Shanghai Green Building Design

综合调适

外墙外保温系统检查周期 表2-2

已使用年限A（年）	检查周期
A≤5	按需
5<A≤15	5年
15<A≤25	3年
A≥25	安全性检测

2.2.3 运行维护

建筑外墙外保温维修前应进行检测评估，确定外墙外保温系统缺陷，提出维修设计建议，出具检测评估报告。

建筑外墙外保温系统的维修工程应制定维修施工方案，明确维修施工要点。

建筑外墙外保温系统维修工程应有可靠的安全措施。

应对建筑外墙外保温系统维修工程进行验收。

建筑外墙外保温系统维修工程所用材料、技术应与原外墙保温系统协调，并具有工作的一致性。

建筑外墙外保温系统维修工程所用材料性能应符合国家现行有关标准的规定。严禁使用国家已明令禁止使用或淘汰的材料。

2.3 供暖通风与空气调节

2.3.1 基本要求

（1）运行模式

应根据系统自身情况制定夏季、过渡季和冬季运行模式，并根据室外气象条件、室内环境参数、建筑与系统情况等因素切换运行模式。

（2）系统启停

应根据所服务场所的运营时间确定系统启停时间。在供冷或供热季，应提前开启空调系统对建筑空间进行预冷或预热，应提前关闭冷源或热源，保持水输配系统和末端系统开启，利用系统蓄冷或蓄热对建筑供冷或供热。

在供冷季节，应利用夜间通风对建筑蓄冷或达到空调效果。

从供冷季或供热季向过渡季转换时，应充分利用室外通风达到空调效果。

多联机空调系统启停及室内机温度设定宜集中统一管理。

（3）风口与室内气流组织

风口应无明显积尘和堵塞，无明显结露。风口百叶无堵塞、无损坏、无异响。

送风应能送达人员活动区，避免送回风短路。

新风宜直接送到人员密集区域。

高大空间气流组织宜采取以下运行管理措施：

- 高大空间宜采用自然通风与机械通风相结合的复合通风形式，且复合通风应具备工况转换功能，且应优先采用自然通风。当控制参数不能满足要求时，应开启机械通风。当复合通风系统不能满足要求时，应关闭复合通风系统，启动空调系统。

- 高大空间采用分层空调时，宜符合2m以下人员活动区温度要求，风口应根据运行工况分时调节。

（4）定风量空调机组

宜根据室内温度或回风温度控制空调机组冷水或热水管路上的电动阀开度。

在不同运行模式下，宜采用不同的固定风量，宜通过变频器调速实现不同模式下风量的变化，或根据阀门开度与风量的对应关系精确控制新风量和排风量。送风量应等于或略大于回风量，送、回风量偏差应小于10%。

进入空调机组的新风量应能根据室内CO_2浓度自动调节。

夏季空调时宜采用大风量送风，送风温度宜为18℃。

（5）变风量空调机组及变风量末端

变风量末端应能根据室内温度有效调节阀门开度。变风量空调机组应采用变频风机，风机风速根据送风管压力或变风量末端阀门开度自动调节。进入空调机组的新风量应能根据室内CO_2浓度自动调节。送风量应等于或略大于回风量，送、回风量偏差应小于10%。

（6）新风机组

新风机组的新风量应根据室内CO_2浓度自动调节，风量调节宜采用风机变频方式。新风送风状态宜与室内状态相近。通过控制冷水或热水管路上阀门开度调节新风送风状态。

（7）全新风运行模式

在过渡季，应根据室内外环境参数决定运行全新风模式。

（8）风管

风管应保温良好，不应出现凝露。

并联管路中至少有一个阀门开度在95%以上。并联管路的水力不平衡度不宜超过15%。

（9）风机盘管

风机盘管宜根据室内温湿度控制冷水或热水管路上电磁阀的启闭。

（10）散热器

散热器周围空气的自然对流或强制对流应通畅。散热器上不能覆盖任何异物。宜根据室内温度采用质调节或量调节手段对单个、局部或全部散热器的散热量进行调节。

（11）通风

厨房：

- 应在厨房内部监测静压，厨房对外负压应在20～40Pa；
- 厨房气味不应散发到周围区域。厨房排烟管道不应泄漏。应对厨房排烟管道阻力进行实时监测，管道阻力大于初阻力的1.5倍时，应对管道进行清洗。

汽车停车场：

- 应在人员密集活动区测量CO浓度，测量精度为±3ppm。CO浓度不应超过50ppm。宜采用自然通风和机械通风混合的通风模式，并优先利用自然通风。
- 当CO浓度超过30mg/m³，应开启机械排风系统。当车流量变化有规律时，可按照时间设定风机开启台数；当车流量变化无规律时，宜采用CO浓度联动控制多台并联风机或可调速风机形式。
- 采取关闭送风机或开启送风机、关闭回排风机的单排或单送模式。

（12）过渡季通风和制冷季夜间通风

在过渡季，宜通过自然通风或机械通风降低室温。在制冷季的夜间，条件适宜时，宜进行自然通风或机械通风，达到降低室温或蓄冷的目的。

（13）冷（热）水输配系统

一次泵输配系统：

- 末端系统调节时，会造成阀门开度变小，宜通过一次水泵变频调节，增大末端阀门开度；
- 一次水泵流量不应小于制冷机组要求的最小水流量。

二次及更高次泵输配系统：

- 末端系统调节时，会造成阀门开度变小，宜通过二次水泵变频调节，增大末端阀门开度。当二次泵流量变化时，宜相应调节一次泵流量，使一次泵流量与二次泵流量相适应，尽量减小旁通管流量。一次水泵流量不应小于制冷机组要求的最小水流量。
- 质调节和量调节都可达到调节末端供冷（热）量的目的，应通过运行数据分析确定采用两种措施中的一种或综合采用两种措施。
- 除非通过综合节能分析确认，否则供回水温度不宜低于设计温差的80%。
- 不宜采用增加冷冻水泵运行台数的方法，消除因水系统不平衡造成的末端设备供水不足的问题。
- 水泵不应长期低于最低适宜频率运行。

（14）制冷及热泵机组出水温度

应制定合理的控制策略，能够通过调节制冷或热泵机组出水温度改变末端供冷或供热量，适应室内负荷变化。

末端水流量变化或供水温度变化都可以造成末端供冷（热）量变化，应通过对运行数据的分析确定通过量调节或质调节满足末端负荷变化需求。

当末端需要的供水温度不一致时，宜将末端分到不同的系统中。

（15）冷源系统优化运行

根据对各个制冷机组运行性能及运行时间的分析，确定制冷机组运行台数及各制冷机组负荷分配。

应通过运行数据分析，确定冷却塔运行台数或地源热泵地埋管运行数量。

应通过冷源整体能耗分析，确定冷却水泵运行台数及频率。

（16）热泵系统优化运行

应对各个热泵机组运行性能及运行时间的分析，确定热泵机组运行台数及各热泵机组负荷分配。

应通过热泵系统整体能耗分析，确定低温热源水的水量。

（17）天然气锅炉

应根据末端负荷需求确定天然气锅炉运行台数。天然气锅炉排烟宜进行深度热回收。

（18）冷热电联产系统

应符合国标《燃气冷热电联供工程技术规范》GB 51131 要求。

（19）蓄能系统

应根据峰谷电价情况确定蓄能和释能的时间、蓄能和释能的模式，自动或手动进行蓄能、释能操作。蓄冷系统操作宜遵照《蓄冷空调工程技术标准》JGJ 158。

（20）换热机组

应通过调节一次侧水流量或供水温度来控制二次侧出水温度。

2.3.2　调适原则

（1）室内环境参数应符合现行国家标准或行业标准规定。当指标不满足时，应调整室内参数设定值或优化控制措施。

（2）并联送风管上采用手动风阀的，至少有一个阀门保持100%开度。并联送风管上采用电动风阀的，至少有一个阀门保持90%以上开度。当指标不满足时，应优化风机或主风阀控制策略。

（3）风机效率不低于额定工况效率的80%。当指标不满足时，应优化风机或主风阀控制策略。

（4）对于多路支管汇入一根总管回水的，各支管回水温度差最大不应超过1℃，各支管与总管回水温度差最大不超过0.5℃。当指标不能满足时，应对相应管路进行水力平衡调节。

（5）并联水管上采用手动阀门的，至少有一个阀门保持100%开度。并联水管上采用电动调节阀或电动二通阀的，至少有一个阀门保持90%以上开度或80%以上开启率。当指标不满足时，应调节冷水机组供水温度或空调水泵频率。

（6）采用旁通方式进行调节的，旁通管流量不应超过总流量的20%。当指标不满足时，应优化旁通阀控制策略。

（7）对于未通过变频调进行负荷调节的冷水机组或热泵机组，每台机组的负荷率不应低于额定负荷的65%。当指标不满足时，应优化冷水机组开启台数。

（8）冷却水供回水温差不应低于5℃。当指标不满足时，应优化冷却水泵控制策略。

（9）冷却塔布水均匀度不应低于80%。当指标不满足时，应调节或维护冷却塔布水器。

（10）宜通过冷水机组和冷却水泵综合能耗优化确定冷却水泵的开启台数和运行频率。宜增大有效冷却塔开启台数。冷水机组或热泵机组的COP不应低于额定工况COP的80%。

（11）对于蓄冷系统，蓄冷或释冷时间应控制在预定时间，不宜过长或过短。蓄冷、释冷过程冷媒（直接蒸发冷媒除外）温差不应小于5℃。当指标不满足时，应优化蓄冷冷媒温度、释冷过程控制策略、冷媒泵的控制策略等。

（12）对于冷热电联产系统，烟气利用率应不低于90%。当指标不满足时，应优化运行策略或增加蓄能量。

（13）供冷季开始前，应对系统进行下列检查：

- 电动阀门是否转动灵活，是否相应控制信号，初位置是否正确；
- 手动阀门位置是否正确；
- 定压水箱液位或定压气压罐压力是否正常；
- 水管上各压力表指示的压力是否正常，并据此判断各设备、过滤器等是否正常；
- 风管上各压力表指示的压力是否正常，并据此判断各设备、过滤器等是否正常；
- 各运转设备电流是否正常；
- 系统是否无异响、无异味。

（14）主要用能设备出现下列情形之一的，应进行检查和维修：

- 能效低于正常值的20%；
- 电流偏离正常值的20%。

（15）主要设备出现下列情形之一的，应立即采取应急措施并进行检查和维修：

- 安全参数偏离规定范围；
- 出现异味、异响。

（16）应在运行间歇期对系统进行再调适。主要调适内容包括：

- 传感器测量准确度校准和控制策略整定；
- 风管和水管的水力平衡；
- 冷却塔布水均匀度；

■ 风口送风速度、角度和均匀度。

（17）出现如下情形之一的，应对系统进行改造：

■ 管道连接造成输配能耗增大，经技术经济分析适宜改造的；

■ 用能设备能效偏低，经过技术经济分析适宜更换的。

2.4 给水排水

2.4.1 基本要求

（1）二次供水设施及集中热水供应系统应有效消灭致病菌或消毒。

（2）二次供水水质应符合现行国家标准《生活饮用水卫生标准》GB 5749的规定，二次供水设施防水质污染和安全防范的措施应工作正常，运行记录完整。

■ 应定期监测并发布各类用水水质等信息。每半年应对入驻（住）人员进行一次用水质量满意度第三方调查，制定执行、改进措施，并公示；

■ 二次供水设施应在线监测余氯（总氯）、浊度、pH值、电导率CTDS等水质指标；

■ 二次供水设施与建筑设备监控管理系统相连接的远程监控系统功能完好。

（3）应根据项目的不同使用特征，制定水资源使用限额。建筑平均日用水量满足国家现行标准《民用建筑节水设计标准》GB 50555中节水用水定额。

（4）给水排水系统应按水平衡测试的要求进行运行，降低管网漏损率。

（5）供水系统应避免超压出流，且不小于用水器具要求的最低工作压力。

（6）生活用水器具的用水效率等级应达到或高于2级。

（7）公共浴室采取带恒温控制与温度显示功能的冷热水混合淋浴器，设置用者付费的设施或带有无人自动关闭装置的淋浴器。

（8）绿化采用喷灌、微灌等高效节水浇灌方式。

■ 采用高效节水浇灌方式的绿化面积达到70%；

■ 设置雨天关闭装置，根据气候和绿化浇灌需求及时调整运行模式。

（9）应对冷热饮水机进行定期检查和清洗，且记录保存完整。

（10）集中生活热水系统应确保冷热水系统压力平衡，并设置循环系统，保证配水点出水温度不低于最低出水温度的时间不得大于10s。

（11）太阳能等可再生能源热水系统、余热或废热热水系统同常规能源系统并联运行时，宜优先运行可再生能源系统、余热或废热系统。

太阳能集热系统夏季运行时，应定期检查过热保护功能，避免空晒和闷晒损坏太阳能集热器。冬季运行前，应检查防冻措施。

（12）非常规水的使用应通过卫生安全性、技术经济性比较分析后合理确定。应采取确保人身安全、使用及维修安全的措施。系统投资回收期宜为5～7年。

室外绿化浇灌、道路浇洒、地面冲洗等用水宜使用非常规水。

场地内雨水应统筹控制，合理利用。宜优先组合采用雨水收集回用系统和调蓄排放系统，当受条件限制或条件不具备时，可采用单一系统。

（13）应实行分质供水，低水质标准水不得进入高水质标准水系统。

应根据卫生安全、经济节能等原则选用非常规水的贮水调节和加压供水方案，其水压应满足最不利配水点的水压要求。

景观水体结合雨水利用设施运行管理。

冷却水补水使用非常规水时，应采取措施满足水质卫生安全要求。

严禁非常规水、回用雨水与生活饮用水管道连接。

2.4.2　调适原则

（1）根据用水量运行记录表，统计年市政总用水量，计算年节水用水量，判断节约用水情况。

（2）根据用水量运行记录表，统计分区生活加压供水年用水量、加压生活给水设备的年耗电量，判断加压生活给水设备的耗电情况。

（3）根据运行记录表，统计市政热水、蒸汽及锅炉等热媒的年供热量、耗电量、燃料消耗量、生活热水年供水量及生活热水参数等。

（4）根据用水量记录表，统计年市政总用水量、年非传统水源用水量，计算非传统水源利用率。

（5）根据换热设备运行记录表，统计年常规热源生活热水供热量、太阳能集热储热设备运行记录，统计太阳能集热器年生活热水供热量、太阳能集热器年运行天数。

（6）给水排水机房主要设备应有明确标识，各种管道应用颜色区分，并标有介质流向箭头，调节阀门应有开度显示。

（7）设备应定期检查和保养，保持设备正常运转，若发现设备运行异常，应及时查找原因，排除故障，并做好记录。设备的预防性保养，应按设备的维护保养要求进行。

（8）机房内的各种转动设备的基础应稳固，隔振设施应保持有效，轴承密封冷却良好、无过热现象；发现设备转动有异常现象，应及时查找原因，排除故障，并做好记录。

（9）应经常检查机电设备的润滑系统，机电设备的温升不应超过允许值。

（10）给水排水系统水表、各种阀门仪表、部件及卫生洁具等日常维护保养的基本要求包括：

- 保持给水排水系统中水表、各种阀门、仪表、部件与管道、设备接口处密封良好，无任何跑、冒、滴、漏现象。一旦出现以上现象，应及时维修。

- 给水排水设备、压力容器及辅助设备的安全阀、压力表、温度计、水位计等安全保护装置应齐全，定期校验，保持其正常工作。
- 自动排气阀、止回阀和储水箱中的浮球阀等，应保持正常工作状态。
- 各种手动或自动控制阀门应经常检修，保持良好的正常工作状态。
- 应定期检验、标定水表、各类控制阀门及各种计量仪表，如热量表、电能表、燃料消耗计量表等，保持正常工作状态。
- 应定期对系统中的水过滤器、除污器、减压阀等设备及部件进行全面检查和清洗。运行中应经常检查除污器两侧的压力值，及时清理除污器内的杂物。
- 应设专人定期维护二次供水系统配套设置的消毒设备，保证二次供水的水质符合生活饮用水卫生标准。应定期检查生活水池（箱）的人孔、通气孔、溢流管的防虫网。
- 给水排水设备管道上的水表、阀门、仪表及各种计量装置不得拆改，不应被遮挡、影响检测、维修。
- 应经常检查卫生洁具、感应水龙头、地漏水封状况等。
- 应保持给水排水管道的防冻保温层、防结露保冷层结构完整，应定期检查电伴热管道的温度传感器、温控器，保持正常工作状态。

2.5 照明与电气

2.5.1 基本要求

（1）变、配电系统包括高压柜、直流屏、变压器、低压柜以及变电室监控系统，运行的日常管理应执行变、配电室的管理规程。系统没有安装可传输数据的智能仪表时，应由变配电室值班人员按规定时段进行人工抄表，记录低压馈出回路的电流、电压、功率因数、谐波、电能等数据。人工抄表的记录内容宜及时录入计算机管理系统。

（2）系统安装了可传输数据的智能仪表时，应对变压器低压主开关回路的电流、电压、功率因数、谐波、电能等进行实时监测，对各馈出回路的电流、电压、电能计量等进行实时监测。并通过智能仪表的数据接口对数据进行存储。按月每天统计高压电能，计算月平均耗电量。

（3）应按管理规程填写变配电室运行值班记录。照明包括建筑物室内照明、室外照明。室内照明应符合《建筑照明设计标准》GB 50034 的规定，景观照明应符合《城市夜景照明设计规范》JGJ/T 163的规定。应建立照明灯具的维护管理制度。

（4）变压器节能运行应符合下列规定：

- 应监测每台变压器的低压侧输出电压，使其轻载时不超过 400/230V，满载时不低于 380/220V，当不满足上述要求时，宜调节变压器高压侧的分接头；

- 变压器的额定容量应满足全部用电负荷的需要，变压器不能长时间处于过负荷状态；

- 变压器负载率宜在 60% 以上；

- 蓄冰、蓄热等用电设备应设置在低谷时段运行；

- 应监测变配电室的温湿度，做好变压器的通风散热措施，降低变压器负载损耗；

- 当有多台变压器运行时，应根据季节性负载的特点，适时退出相应的变压器，减少变压器空载损耗。

（5）应监测低压各馈出回路的电流和电能，按月统计变配电室各低压馈出回路电能，计算月平均耗电量。

应监测各馈出回路的三相平衡情况，当三相不平衡超过 15% 时，应对末端配电系统进行相序平衡调整。

合理整定并投入电容器组，使变配电室的功率因数大于 0.95。电容补偿柜上的功率因数控制器宜具有显示谐波分量的功能。检测到的谐波值高于《电能质量 公用电网谐波》GB/T 24337—2016 规定的限值时，宜采取谐波治理措施。

应定期对所采集到的高、低压总进线、变压器以及各低压馈出回路数据进行节能运行分析，生成报告。运行管理人员应根据报告进行节能控制管理。

应绘制月用电曲线表作为节能运行的依据。

（6）应定期检查机电设备的供电电压、供电电流是否正常，供电导体绝缘是否良好。

（7）机电设备的启动管理应采取下列措施：

- 应记录制冷站、水泵房和热力站内主要电动机启动时的电流、电压、频率、功率因数等参数；

- 宜查看制冷站、水泵房和热力站内大容量的电动机启动时的电压，是否影响其他机电设备的正常运行；

- 采用软启动器启动的机电设备，宜记录启动过程中的启动电流及产生的谐波电压及谐波电流；

- 应采用变频器启动的机电设备，宜记录启动过程中的启动电流及产生的谐波电压及谐波电流；

- 对建筑内已设置建筑设备管理系统的，依据建筑的使用功能，制定适宜的机电设备启动和停止时间；

- 对建筑内采用人工管理、手动启动的，应制定启、停时间表，按指定的流程操作，避免能源浪费。

（8）机电设备的运行管理应采取以下措施：

- 应检查并记录制冷站、水泵房和热力站内主要电动机运行时的电流、电压；

■ 根据运行记录，检验电动机是否在经济运行的范围内工作，对常年低负荷运转的设备进行技术改造；

■ 对季节性负荷采取停电管理，对过渡性负荷采取部分设备运行、其余设备停运的管理方式；

■ 对连续工作的恒定负载，采用工频运行方式；对连续工作的可变负载，宜采用变频调速的运行方式；

■ 对于包含备用的多台电动机，应采取轮换起动运行的控制模式，避免备用泵长期闲置；

■ 对容量大、负荷平稳且经常使用的用电设备宜采取就地无功功率补偿措施，以提高功率因数，降低线路损耗；

■ 对运行过程中产生较大谐波的负载，应进行谐波治理，可在电源配电柜处集中设置谐波抑制器。

（9）灯具自动控制时，应根据不同季节、不同场合采取下列节能管理措施：

■ 室外照明宜采用时间加照度程序控制，并随季节变化及时调整开、关灯的时间；

■ 天然采光良好的场所，按该场所照度自动开关灯或调光；

■ 楼梯间、卫生间等场所应采用红外、声控或其他节能控制措施；

■ 公共走廊、门厅、电梯厅等人员流动场所宜采用照度加时间程序控制，随不同时段调整照明回路的开、关时间，或采用夜间降低照度的自动控制装置。

（10）对主要场所的照明设施应进行定期巡视和照度检查测试。

（11）应对电梯早、午、晚高峰时段的运行方式进行有效管理，调整电梯高峰时段的运行控制方案。

升降电梯在无人搭乘时，应自动停止在指定层，电梯轿厢内的照明宜采用允许频繁开关的光源，灯具可自动关断。

自动扶梯和自动人行道，应具有节能拖动及节能控制装置，并应设置感应传感器以控制自动扶梯和自动人行道的启停。在无人搭乘时应停驶或慢速行驶。

应采用和配备高效电动机及先进控制技术的电梯。

应定期对电梯的仪表和控制系统进行维修，并做相应的记录。

大型民用公共建筑应具有对电梯设备进行运行监控管理的功能。两台及以上的客梯集中布置时，客梯控制系统应具备按程序集中调控和群控的功能。

（12）定期维护项目包括电梯、变压器等。当出现以下现象时，应对相应设备进行维修或更换：

■ 异响、异味；

■ 电流异常偏大；

■ 阻力异常偏大；

■ 灯具亮度异常。

（13）应对建筑室内外环境、各个系统运行状态、资源消耗以及运行安全性进行监测。

- 数据传输应稳定可靠，具有较强的抗干扰能力。

- 数据记录应满足下列要求：数据应至少能保存两年以上，并可以通过授权方式对系统内所存储的数据进行复制。

- 数据分析应满足下列要求：

    动态图表的显示与分析功能；

    异常数据报警；

    通信中断报警；

    具有能耗成本的分析功能，可根据当前能源价格计算瞬时与累计能耗费用；

    监控系统的软件应能够对能耗和相关运行参数，进行有针对性的对比分析；

    必要时可优化系统与各环节的控制；

    监控系统应能够以实时动态图表的形式，显示受监控各个机电系统和设备的运行状态和系统参数。

- 控制参数的设定值，应可根据使用的需求进行修改和再设定。被控参数的再设定值，应符合国家相关规范标准和行政法规的基本要求。

- 为所有主要公共区域服务的控制参数，均应可由监控系统进行集中再设定控制。

（14）任何故障预报警，未经管理人员处理，系统不能自动消除和恢复。

（15）监控系统的安全运行与管理。

- 采用人工远程启停设备或系统时，应制定符合相应设备或系统的工作原理与流程图，并制定相应的启停控制操作程序。

- 启动后和运行过程中，现有监控系统对主要参数的测量满足节能分析与运行要求时，管理人员应对主要的运行参数（例如：电压、电流、温湿度、压力、变频器频率等）进行人工查看并记录。对于与能耗相关的参数，应做好定时的记录。

- 机电设备或系统采用联锁自动启停方式时：

    启停之前，应人工核查相关参数是否符合启停的规定条件；

    启停过程中，应人工对设备或系统进行核实是否符合预定程序要求。

- 建立突发事件的应急预案。当出现可能涉及人身及设备安全故障、或严重影响建筑功能时，监控系统应自动进行声光报警，并应有相应的配套处理措施。

- 监测与控制系统应每隔12个月进行一次全面检测和维护。

    监测与控制系统维护内容主要包括传感器测量精度校准、执行器执行精度校准、数据传输性能、安全功能校验、控制功能校验等。

    应对运行维护进行记录，应对运行故障自动记录。

3 供暖通风与空气调节

3.1 冷热源

3.1.1 冷源系统制冷的基本原理

空调系统制冷的基本原理分为压缩式制冷和吸收式制冷两种。

压缩式制冷指的是空调器通电后，制冷系统内制冷剂的低压蒸气被压缩机吸入并压缩为高压蒸气后排至冷凝器，室内空气不断循环流动，达到降低温度的目的。主要包括螺杆式冷水机组、离心式冷水机组、热泵机组等设备类型。

吸收式制冷是以水为制冷剂、溴化锂溶液为吸收剂，利用溴化锂溶液在常温（特别是低压）时吸收水蒸气的能力很强，而在高温时又会将其释放出来的特性，以及利用制冷剂在低压下汽化要吸收周围介质的热量来实现制冷目的。主要包括直燃型溴化锂冷水机组、蒸气型溴化锂冷水机组、余热型溴化锂冷水机组等。

3.1.2 螺杆式冷水机组

3.1.2.1 概述

螺杆式冷水机组因其关键部件——压缩机采用螺杆式故名螺杆式冷水机，机组由蒸发器出来的气体状态的冷媒，经压缩机绝热压缩以后，变成高温高压状态。

被压缩后的气体冷媒，在冷凝器中，等压冷却冷凝，经冷凝后变化成液态冷媒，再经节流阀膨胀到低压，变成气液混合物。其中低温低压下的液态冷媒，在蒸发器中吸收被冷物质的热量，重新变成气态冷媒。气态冷媒经管道重新进入压缩机，开始新的循环。

螺杆式冷水机组运行范围广泛，可全线满足不同工艺的冷却及冷冻需要，其优异的冷凝热回收功能可免费制取高达63℃的热水，保障充足的空调供暖及生活热水，水源热泵系统可充分利用多种可再生低温热源供热制冷，大幅降低供热费用，结构紧凑、安装便捷。

3.1.2.2 运行

（1）年度开机前的检查工作

- 检查电路中的随机熔断管是否完好无损，对主电机的相电压进行测定，其相平均不稳定电压应不超过额定电压的2%；
- 检查主电机旋转方向是否正确，各继电器的整定值是否在说明书规定的范围内；
- 检查制冷系统内的制冷剂是否达到规定的液面要求，是否有泄漏情况；
- 检查油泵旋转方向是否正常，油压差是否符合说明书的规定要求；

- 因冬季防冻而排空了水的冷凝器和蒸发器及相关管道要重新排除空气，充满水；
- 润滑导叶调节装置外部的叶片控制连接装置；
- 检查冷冻水泵、冷却水泵、冷却塔；
- 检查机组和水系统中的所有阀门是否操作灵活，无泄漏或卡死现象；各阀门的开关位置是否符合系统的运行要求；
- 完成上述各项检查与准备工作后，再接着做日常开机前的检查与准备工作。

（2）日常开机前的检查工作

- 确认机组和控制器的电源已接通；
- 确认主机、冷却塔风机、冷却水泵和冷冻水泵的送、回水阀门均已开启；
- 确认末端设备均已通电开启。

（3）冷水机组的开、停机顺序

要保证空调主机启动后能正常运行，必须保证：

- 冷凝器散热良好，否则会因冷凝温度及对应的冷凝压力过高，使冷水机组高压保护器件启动而停机保护，甚至导致故障；
- 蒸发器中冷水应循环流动，否则会因冷水温度偏低，导致冷水温度保护器件启动而停机保护，或因蒸发温度及对应的蒸发压力过低，是冷水机组的低压保护器件启动而停机保护，甚至导致蒸发器中冷水结冰而损坏设备。

冷水机组的开机顺序为（必须严格遵守）：

- 冷却塔风机开；
- 冷却水泵开；
- 冷水泵开；
- 冷水机组开。

冷水机组的停机顺序为（必须严格遵守）：

- 冷水机组停；
- 冷却塔风机停；
- 冷却水泵停；
- 冷水泵停。

注意：停机时，冷水机组应在下班前半小时关停，冷水泵下班后再关停，有利于节省能源，同时避免故障停机，保护机组。

（4）风机、水泵的操作

冷却塔风机、冷却水泵、冷水泵均为独立控制，开机前应确认电源正常，无反相，无缺相。

- 水泵开启前应确认循环管路中的阀门均已打开；

- 风机、水泵必须按顺序启停（手动操作各空气开关）。

3.1.2.3 维护

（1）运行注意事项

- 机组的正常开、停机，必须严格按照厂方提供的操作说明书的步骤进行操作；

- 机组在运行过程中，应及时、正确地做好参数的记录工作；

- 机组运行中如出现报警停机，应及时通知相关人员对机组进行检查，也可以直接与厂方联系；

- 机组在运行过程中严禁将水流开关短接，以免冻坏水管；

- 机房应有专门的工作人员负责，严禁闲杂人员进入机房，操作机组；

- 机房应配备相应的安全防护设备和维修检测工具，如压力表、温度计等，工具应存放在固定的位置。

（2）停机注意事项

- 机组在停机后应切断主电源开关；

- 如机组处于长期停机状态期间，应将冷水、冷却水系统内部的积水全部放掉，防止产生锈蚀，水室端盖应密封住；

- 机组在长期停机时，应做好维修保养工作；

- 在停机期间，应该将机组全部遮盖，防止积灰；

- 在停机期间，与机组无关的人员不得接触机器。

（3）日常检查事项

检查机组内的油位高度，油量不足应立即补充，冷却油温在30～65℃，油压在0.15～0.3MPa。

- 检查制冷剂的量是否充足；

- 检查油加热是否在"自动"加热状态；

- 检查固定部件的螺丝是否拧紧；

- 电源接线部位是否紧固。

（4）年度停机保养

- 压缩机是机组的关键部位，如果压缩机出现故障一般都需要请厂方进行维修。

- 蒸发器和冷凝器的清洗。由于冷水一般是从自来水直接引进的水中含有钙盐、镁盐，因此使用一段时间后，会在换热器表面沉积覆盖从而影响换热效果。因此水质较差时每年至少清洗一次。

- 制冷剂干燥过滤器的滤芯要定期更换。

- 在机组高压端的安全阀要进行定期校检。

- 机组的制冷剂一般不会发生大量泄漏，但由于操作不当或维修保养后会产生一定泄漏量，此时就要充注制冷剂，充注的制冷剂牌号要跟机组原来使用的牌号一致。

3.1.3　离心式冷水机组

3.1.3.1　概述

离心式冷水机组因其关键部件——压缩机采用离心式故名离心式冷水机。离心式压缩机具有带叶片的工作轮，当工作轮转动时，叶片就带动气体运动或者使气体得到动能，然后使部分动能转化为压力能从而提高气体的压力。

压缩机工作时制冷剂蒸气由吸气口轴向进入吸气室，并由吸气室导流作用引导由蒸发器(或中间冷却器）来的制冷剂蒸气均匀地进入高速旋转的工作轮；气体在叶片作用下，一边跟着工作轮作高速旋转，一边由于受离心力的作用，在叶片槽道中作扩压流动，从而使气体的压力和速度都得到提高。气体流过扩压器时速度减小，而压力则进一步提高；经扩压器后气体汇集到蜗壳中，再经排气口引导至中间冷却器或冷凝器中，经冷凝后变成液体，经膨胀阀节流进入蒸发器再循环。

3.1.3.2　运行

（1）开机前的检查工作

- 检查机组电源电压，确认电压符合主机铭牌上的规定值；
- 检查制冷压缩机的蒸发压力、冷凝压力、压缩机的油面；
- 检查压缩机油槽内的油温，应保持在55～65℃，如油温过低时，应检查油加热系统，首次送电应保持油加热24小时；
- 检查冷冻水、冷却水的压力及冷冻水泵和冷却水泵；
- 启动冷冻水泵、冷却水泵，调整其压力和流量；
- 检查电脑中央处理器中显示的各项参数是否正确。

（2）离心式制冷压缩机的开机操作

- 检查启动前准备工作无误；
- 按下启动按钮，观察油泵运转情况、油面、油压；
- 启动后注意电流表指针的摆动，监听机器有无异常响声，检查运转后的油面、油压是否正常；
- 当电流稳定后，检查导叶开启动作情况，机负荷变化；
- 调节冷却水流量，保持冷凝压力、冷却水温度在规定范围内；
- 启动完毕，机组进入正常运行；
- 运行人员须记录开机时运行参数并进行定期巡视，做好运行记录。其巡视的内容主要是：制冷压缩机运行中的油压、油温、轴承温度、油面高度；冷凝器进出水温度和冷冻水进出水温度；压缩机、冷却水泵、冷冻水泵运行时电机的运行电流；冷却水、冷冻水的流量；

压缩机吸、排气压力值；整个制冷机组运行时的声响、振动等情况。

具体开机操作程序如下（开机至运行）：

- 开启冷却水泵；
- 开启冷却水塔；
- 开启冷冻水泵；
- 开启冷冻机组。

程序中开启冷却水塔是指开水路阀门、冷却塔风扇。

（3）离心式制冷压缩机正常运行时的参数范围（主要设备一般都有使用说明书，如与本运维手册有矛盾之处，应以设备说明书为准）

- 压缩机吸气温度应比蒸发温度高1~2℃或2~3℃，蒸发温度一般在0~10℃之间，一般机组多控制在0~5℃；
- 压缩机排气温度一般不超过60~70℃；
- 油温控制在43℃以上，油压差应在0.15~0.2MPa之间；
- 冷却水通过冷凝器时的压力降低范围为0.06~0.07MPa之间，冷冻水通过蒸发器时的压力降低范围为0.05~0.06MPa之间；
- 冷凝器下部液体制冷剂的温度应比冷凝压力对应的饱和温度低2℃左右；
- 从电机的制冷剂冷却管道上的含水量指示器上，应能看到制冷剂液体的流动及干燥情况在合格范围内；
- 机组的冷凝温度比冷却水出水温度高2~4℃，冷凝温度一般控制在40℃左右，冷凝器进水温度要求在32℃以下；
- 机组的蒸发温度比冷冻水出水温度低2~4℃，冷冻水出水温度一般为5~7℃；
- 控制柜上电流表的读数小于或等于规定的额定电流值；
- 机组运行声音均匀、平稳、听不到喘振现象或其他异常声响。

（4）离心式制冷压缩机正常停机的操作

机组在正常运行过程中，因为定期运行或其他非故障的主动方式停机，称为机组正常停机。正常停机一般采用手动方式，机组的正常停机基本上是正常启动的逆过程。

正常停机的程序如下（关机至运行停止）：

- 按下操作盘上的停止按钮，关闭冷冻机组；
- 冷冻水泵运行15分钟后关闭冷冻水泵；
- 关闭冷却水塔风扇；
- 关闭冷却水泵；
- 完成关机程序。

机组正常停机过程中应注意以下几个问题：

- 停机后油槽油温应继续保持在50~60℃之间，以防止制冷剂大量溶入冷冻润滑油中；

- 压缩机停运转后，冷冻水泵应继续运行一段时间（15分钟），保持蒸发器中制冷剂的温度在2℃以上，防止冷冻水产生冻结；

- 在停机过程中要注意压缩机有无反转现象，以免造成事故。因此，压缩机停机前在保证安全的前提下，应尽可能使导叶角度关小，以降低压缩机出口压力；

- 停机后，仍保持主机的供油、回油的管路畅通，油路系统中的阀门不得关闭；

- 停机后，除油加热电源和控制电源外，机组主电源应切断，以保证停机安全；

- 检查蒸发压力和冷凝压力；

- 确认导叶完全关闭状态。

（5）离心式制冷压缩机事故停机的操作

事故停机分为故障停机和紧急停机两种情况。遇到因制冷系统发生故障而采取停机称为故障停机；遇到系统中突然发生冷却水中断或冷冻水中断、突然停电及发生火警采取的停机称为紧急停机。在操作运行规程中，应明确规定发生故障停机、紧急停机的程序及停机后的善后工作程序。应尽快查明故障原因，分析故障，总结维修方案，实施维修。

3.1.3.3 维护

冷水机组的运行间歇可分为日常停机和年度停机，在不同性质的停机期间，维护保养的范围、内容及深度要求各不相同。

（1）日常维护保养

- 给导叶控制联动装置轴承、导叶操作轴、球连接和支点加润滑油；

- 检查机组内的油位高度，油量不足时应立即补充；

- 检查油加热器是否处于"自动"加热状态，油箱内的油温是否控制在规定温度范围，如果达不到要求，应立即查明原因，进行处理；

- 检查制冷剂液位高度，结合机组运行时的情况，如果表明系统内制冷剂不足，应及时予以补充；

- 检查判断系统内是否有空气，如果有，要及时排放；

- 检查电线是否发热，接头是否有松动。

（2）年度停机维护保养

- 清洁控制柜；

- 检查各接线端子并紧固；

- 清理各接触器触点；

- 紧固各接线点螺丝；

- 测量主电机绝缘电阻，检查其是否符合机组规定的数值；
- 检查电源交流电压和直流电压是否正常；
- 校准各电流表和电压表；
- 校正压力传感器；
- 查测温探头；
- 检查各安全保护装置的整定值是否符合规定要求；
- 清洁浮球阀内部过滤网及阀体，手动浮球阀各组件，看其动作是否灵活，检查过滤网和盖板垫片，有破损要更换；
- 手动检查导叶开度是否与控制指示同步，并处于全关闭位置，检查传动构件连接是否牢固；
- 不论是否已用化学方法清洗，每年都必须采用机械方法清洗一次冷凝器中的水管；
- 由于蒸发器通常是冷冻水闭式循环系统的一部分，一般每三年清洗一次其中的水管即可；
- 更换油过滤芯、油过滤网；
- 根据油质情况，决定是否更换新冷冻油；
- 更换干燥过滤器；
- 对制冷系统进行抽真空、加氮气保压、检漏等工作；
- 停机期间，要求每周一次手动操作油泵运行10分钟；
- 对于R134a 和R123 的机组，还要每两周运行抽气回收装置30分钟和2小时，防止空气和不凝性气体在机组中聚积；
- 停机过冬时，如果有可能发生水冻结的情况，则要将冷凝器和蒸发器中的水全部排空；
- 给 R134a 机组的抽气回收装置换油，清洗其冷凝器；
- 如果是R134a机组需长期停机，应放空机组内的制冷剂和润滑油，并充注0.03～0.05MPa（表压）的氮气，关闭电源开关和油加热器。

3.1.4　空气源热泵机组

3.1.4.1　概述

　　风冷热泵机组是由压缩机—换热器—节流器—吸热器—压缩机等装置构成的一个循环系统。冷媒在压缩机的作用下在系统内循环流动，它在压缩机内完成气态的升压、升温过程（温度高达100℃）。它进入换热器后与风进行热量交换，被冷却并转化为流液态，当它运行到吸热器后，液态迅速吸热蒸发再次转化为气态，同时温度下降至−20～−30℃，这时吸热器周边的空气就会源源不断地将低温热量传递给冷媒。冷媒不断地循环就实现了空气中的低温热量转变为高温热量并加热冷水的全过程。

3.1.4.2 运行

（1）开机前的检查工作

- 先打开嵌板，看看运转开关是否定在关(OFF）的位置；

- 检查电源电压是否正常，是否为机组所指定的电源；

- 接地线是否安装正确；

- 检查配电盘上各控制机件及开关是否正确（如有不正常应立即修正）；

- 检查水配管施工是否正确，各管路阀是否置于适当位置；

- 检查冷水循环系统是否充满水量，并注意补充水阀是否打开；循环水泵初次运行时，关闭风冷热泵机组进出口阀门，开通旁通阀门，水泵运行一段时间后，清洗法兰过滤器，确认外部循环系统内无杂物后，方可打开进、出口阀门，关闭旁通阀，投入正常使用；

- 检查吸入、吹出口风道是否畅通无阻碍。

（2）机组启动程序

- 启动空气侧通风设备；如空调箱或室内送风机中的送风马达；

- 启动冷水泵；

- 启动主机。

（3）运行注意事项

电气部分：

- 检查启动后电压是否异常；

- 运转后电流表安培数是否正常；

- 检查高低压开关、温度开关、防冻开关、过电流继电器设定值是否正确。

机械部分：

- 检查风扇、水泵转向是否正确；

- 各项机器运转是否有特别响声及不正常声音；

- 循环水泵送水是否良好，水压力是否正常。

（4）机组停机程序

依启动程序反顺序为之。

3.1.4.3 维护

（1）日常维护检查

- 机组必须由专人负责操作、开机、关机、维护及保养，以延长寿命；

- 每日需做室内外温度、冷水温度、电压、电流检查，并做记录以备日后调整及维护参考，保持各机器外观的清洁。

日常维护保养时必须关注的安全注意事项：

- 为防止漏电造成危险，安装主机时请务必安装接地线；

- 机组的吹出口、吸入口不得有阻碍气体流动的物品，否则能力会下降而造成机体的故障；

- 请勿将树枝、棒或其他物品伸入空气吹出口内，避免因与风扇碰撞造成危险；

- 安装时应避免机体吹出口正对着强风吹袭方向，当强风直接向机体吹出口迎吹时，会造成
散热不良，而导致机体故障；

- 一旦运转停止后，若需再启动，两者时间间隔不得少于3分钟；

- 因停电而停止运转时，运转开关请切至OFF位置，等停电解除后再重新运转操作；

- 长时间使用冷气后，热交换器便附着污垢、尘埃，使热交换器能力降低，冷房能力因而降
低，故需定期做清洗、保养以维持机组的能力；

- 冬季长期停机时请将机组内的水排放掉，防止管路及机组内因水冻结造成损害；

- 冬天晚间停机时须避免管路中或机组内发生冻结现象，需在工程设计、施工时于水管路中
加装防冻结装置（如电热器）或水排放阀；

- 冬季运转时外气温度愈低，低压压力会愈低，当外气温度低于-10℃时应停止机组运转，
避免压缩机因失油而烧毁。

（2）每月定期检查

- 各装置螺丝是否松动；

- 清理室内空调箱或冷风机过滤网；

- 检查各管路接头是否渗漏；

- 检查电线是否磨损，连接是否牢固，各接触点有无烧损现象；

- 检查压缩机油面是否正常（全密型无油面窗口）；

- 检查冷水系统是否渗有空气，并作排气处理；

- 检查冷媒压力是否正常；

- 冷凝器清洁除垢；

- 检查膨胀水箱及补给水是否正常。

（3）每年定期检查

- 按每月检查项目执行；

- 检查压缩机绝缘电阻值是否在10MΩ以上；

- 检查高压开关、低压开关跳脱值是否正常。

3.1.5 溴化锂冷水机组

3.1.5.1 概述

直燃型溴化锂吸收式冷（热）水机组（简称直燃机）的工作是采用燃油或燃气产生的热量为热

源，利用吸收式制冷原理生产空调用的冷温水和洗浴用的卫生热水。

3.1.5.2 运行

（1）开机的顺序

- 启动冷热水泵、冷却水泵和冷却风塔机；
- 控制系统对冷水机组及系统的状态进行检测，如有异常，停止启动程序；
- 燃烧冷水机组控制器动作；
- 风机启动，风门由全关到全开并确认；风门全开到全关并确认；然后风门转入由燃料量多少来控制；
- 冷水机组燃料供给阀开启；
- 点火阀打开，火花塞点火；
- 检查火焰，确认冷水机组点火装置正常，由时间继电器控制点火时间；
- 燃油（气）截止阀开启，主燃烧器点火。

（2）程序停机的顺序

- 燃油（气）截止阀关闭，燃料供给阀关闭；
- 风门全开到全关；
- 如冷水机组处于制热状态，冷剂泵停止；如处于制冷状态，冷剂旁通阀开启，由气温控制器或时间继电器控制稀释过程，冷剂泵继续运转一段时间；
- 温度或稀释时间达到设定要求后，溶液泵和冷剂泵停止运转；
- 冷热水泵、冷却水泵停机；
- 冷却风塔机停机；
- 冷水机组转入正常停机状态。

3.1.5.3 维护

（1）日常维护

短期停车的保养：

- 将机内的溶液充分稀释，使其在当地的环境温度下不致于结晶；
- 保持机器内部的真空度；
- 把通向大气的阀门全部关闭；
- 一旦漏入空气，应打开抽气阀及时抽除空气；
- 放尽水盖及各死角处的存水。

机器长期停车的保养：

- 处理好吸收器中的溶液，防止结晶和冻结；
- 抽除机内的空气，充入 0.02~0.05MPa 表压的氮气进行保护；

- 排除各个水盖、管线、阀门等处的积水；

- 所有的电气、仪表设备都要防止受潮。

（2）机组的检查

巡回检查（每小时一次）：

- 机体内部的真空度；

- 溶液的浓度指标；

- 溶液的 pH 值和铬酸锂的浓度；

- 蒸气的温度、压力值；

- 机器各电机的电流、电压值；

- 冷剂水的比重情况；

- 各项生产工艺指标。

定期检查（每天一次）：

- 制冷机及各运转设备有无不正常的声音；

- 机组本体的各项控制指标；

- 泵类的运转情况；

- 电气、仪表的运行情况；

- 真空泵油的污染和乳化情况；

- 室内外的温度变化情况。

3.1.6　循环冷却水系统

3.1.6.1　概述

典型中央空调机组主要由冷冻水循环系统、冷却水循环系统及制冷机三部分组成。

冷冻水循环系统部分由冷冻泵、室内风机及冷冻水管道等组成。从制冷机蒸发器流出的低温冷冻水由冷冻水泵加压送入冷冻水管道（出水），进入室内进行热交换，带走房间内的热量，最后回到主机蒸发器（回水）。室内风机用于将空气吹过冷冻水管道，降低空气温度，加速室内热交换。

冷却水循环系统部分由冷却泵、冷却水管道、冷却水塔等组成。冷冻水循环系统进行室内热交换的同时，必将带走室内大量的热能。该热能通过主机内的冷媒传递给冷却水，使冷却水温度升高。冷却泵将升温后的冷却水压入冷却水塔（出水），使之与大气进行热交换，降低温度后再送回主机冷凝器（回水）。

3.1.6.2　在线自动清洗装置（应用于水冷壳管式冷凝器）

现代冷凝器胶球自动在线清洗技术是一套利用流体、水力机械、胶球以及微电脑等多种技术来进行清洗的最简单的解决方案，在冷水机组冷凝器冷却水的进出管安装发球机和捕球器，用特殊配方和结构的橡胶海绵球按一定的循环程序，在水力的作用下通过冷凝器换热管擦去管内壁上初期形成的沉积物。

由于循环过程是不停车、在线、自动的，清洗时间间隔短，污垢沉积物在形成初期就被擦洗掉，管壁保持洁净，使冷凝器处于较高的换热效率状态。克服了由于污垢的产生而引起冷水主机制冷效率下降，从而降低能耗，节省能源。消除冷凝器列管腐蚀根源，延长列管使用寿命，减少维护费用和化学药剂的使用，减少冷却水浓水的排放量，降低环境污染。

冷凝器胶球自动在线清洗装置主要包括发球机、控制箱、捕球器等部件。通过发球机将胶球送入水冷管壳式冷凝器中，胶球依靠水压差随冷却水在换热管内流动，通过与换热管内壁的摩擦，从而擦洗掉换热管内壁的污垢，在出口端通过捕球器回收胶球至发球机形成一个清洗循环，并通过电气控制器控制清洗频率，达到自动在线定期清洗功能，保证冷凝器的清洁度，降低污垢热阻，提高传热系数。

胶球由特殊橡胶海绵制成，耐磨，耐化学水处理药剂腐蚀，湿态直径比换热管内径大1~2mm，使用寿命1个制冷季，使用次数达到3000次。

胶球自动在线清洗装置安装注意事项：

- 集中空调循环水系统过滤器要求过滤精度为可拦截粒径1.5mm；有效过滤面积为实际通径面积3倍以上；
- 胶球在线清洗装置正式启用前，必须冲洗、清理整个管道系统（包括水泵入口的过滤器等），排除安装过程造成系统中的焊渣、铁丝、木片、塑料以及钢管氧化皮等杂质，排尽系统中的黄锈水；
- 胶球在线清洗装置并不能取代化学水处理的缓蚀和杀菌灭藻的作用，故安装胶球在线清洗装置时还必须按照国家有关标准进行化学水处理，但可提高浓缩倍数，减少含化学药剂浓水的排放量。

3.1.6.3　全自动智能控制在线加药保障系统

密闭式循环水系统尤其是冷冻水系统的管线长，竖立管少横向管多，迂回曲折。密闭式与敞开式循环水比较，虽然曝气少，但温度低，水中溶解氧浓度高，所以溶解氧腐蚀较严重；水的蒸发量小，结垢倾向小，因此，冷冻循环水系统的主要障碍是较严重的溶解氧腐蚀（冷冻水水温低，溶解氧浓度高）、电偶腐蚀（蒸发器和表冷器中铜、铁金属交接处）、缝隙腐蚀（管道焊接工艺及焊材不当所致）和粘泥沉积（细菌分解或自来水中的微泥沉积所致）等。

进行水处理的目的就是（1）减缓循环水系统中设备、管道的腐蚀趋势，延长设备、管道的使用寿命；（2）减缓系统设备、管道结垢趋势，以使设备在一个比较理想的工作效率下运行节约成本；（3）杀灭循环水系统中的细菌、藻类，以免堵塞设备、管道防止循环水中的细菌达到一定数量传播到空气当中危害人体。

全自动智能控制在线加药保障系统几乎满足所有水系统的化学水处理要求，适用于空调冷冻水系统、空调冷却水系统、工业循环水系统、锅炉水系统、污水处理系统等。

全自动智能控制在线加药保障系统主要由加药桶、加药泵、pH在线检测仪、ORP在线检测仪、电导率控制器、全自动反冲洗过滤器以及自动控制系统和相应阀门等组成。

（1）自动加药设备特点

全自动连续式投加技术，保证各种药剂精确、及时、稳定、可靠的投加及控制：

- 多种配置可供选择，可针对不同的水处理用户；
- 全程精确监控系统水质，全自动控制排污；
- 既保证加药效果，又最大限度节省药剂用量；
- 精确监控系统pH值，实时调整酸液投加量，达到更高的浓缩倍数，减少补水费用
- 完备的自动保护措施，保证系统稳定、安全运行。

（2）系统运行、控制原理

- 腐蚀、结垢的控制

  投加缓蚀阻垢药剂可控制系统的腐蚀趋势和结垢趋势。根据缓蚀阻垢药剂的特性，在不同浓缩倍数的系统水中，水处理药剂的有效处理性能也不尽相同，只有在一定的浓缩倍数范围内，同时一定药剂含量范围内时，水处理药剂的有效处理性能才能达到最佳。因此需要控制两个水质参数：浓缩倍数、药剂浓度。

- 细菌、藻类的控制

  在不同的pH值情况下，杀菌药剂的杀菌效果会有所不同，控制杀菌药剂的投加，最终确保控制系统中的细菌以及藻类的数量始终保持在一个安全的范围内。

- 经济型的控制

  对于水质不需要很精确控制，只需要大体控制系统内的腐蚀、结垢、杀菌趋势的系统，可以通过一段时间的连续跟踪分析水质，计算出每天平均需要加的药剂量，形成定时加药的模式。这样做的好处是免除了在线仪表的安装，节省了费用；并且每天分散加药，可以使系统中药剂得到充分的分散。根据系统的水质情况定时取样进行详细的分析，之后调整加药设备的运行参数，可以使系统的运行达到最有效最经济的目的。

（3）系统操作规程

- 将药水由加药口倒入桶中。至少加到桶的1/3处。
- 通上电源，并且确认控制柜内空气开关都为闭合状态。并且确认低液位报警灯（红灯）熄灭。如低液位指示灯亮起时，则说明药桶中药液不足需补充药剂直至低液位报警灯熄灭。
- 将泵、电磁阀的控制开关都打到自动档上。泵将由智能型水处理控制器自动控制加药、排污。如果需不间断冲击性补充药剂或控制器失灵时，请打到手动档上，执行机构将不经控

制器控制而由手动开关控制开、停。

（4）常见故障及处理方法

- 如果发现泵不论是手动还是自动都不运转时，则可能是相应的低液位报警了，即相应的加药桶低液位报警灯亮起。
- 在加药桶液位报警灯亮起的前提下，需确认桶内液位至少淹没低液位探头。如果确认桶内没有药水了，只需加入药水到桶的1/3处即可；如在有足够药水淹没的情况下还是不运转，则可能是控制回路或泵出现故障，此时应通知生产厂家，由生产厂家及时派人维修。

3.1.7 换热器

3.1.7.1 概述

换热器是一种在不同温度的两种或两种以上流体间实现物料之间热量传递的节能设备，是使热量由温度较高的流体传递给温度较低的流体，使流体温度达到流程规定的指标，以满足工艺条件的需要，同时也是提高能源利用率的主要设备之一。以板式换热器为例，对其运行及维护作一简要介绍。

3.1.7.2 运行

（1）运行前准备

- 设备使用前应检查夹紧螺栓是否松动，夹紧尺寸是否符合安装图规定。如不符合应按安装图规定的尺寸拧紧螺栓，四周应均匀，使两压紧板平行度误差不超过2mm。
- 设备在使用前按 1.25 倍的操作压力分别对热侧和冷侧进行水压试验，保压20分钟，设备密封部位应无泄漏现象方可投入使用。试验压力及保压时间也可按系统规定执行，但试验压力不得超过铭牌试验压力数值。
- 用于汽水热交换的板式换热器，蒸气入口处必须安装蒸气进入阀和温度计，用于调节蒸气进入量和监控蒸气温度。为了节能，蒸气冷凝水出口处应放空并将冷凝水收集于敞口的存水箱，以便送回蒸气锅炉回用。放空高度不应高于换热器冷凝水出口高度。蒸气冷凝水出口不得安装疏水器或阻力很大的其他元件，否则冷凝水不易排出，影响蒸气进入量，以致影响换热效果。
- 冷热介质若含有杂物或泥沙，尤其是换热器用于不能经常拆洗的场合，冷热介质必须进行有效的过滤，以保证换热器的正常运行，避免泥沙或杂物堵塞板片通道，影响使用效果或引起事故。
- 在管路系统中应设有放气阀，开启后应排出设备中空气防止空气停留在设备中，降低传热效果。
- 冷热介质进出口接管安装，应严格按出厂铭牌所规定方向连接。否则，影响使用效果或引起事故。

- 对于严格要求换热器的冷却水在任何发生意外的情况下不得进入热介质（油或其他工作介质）的场合，冷却系统的工艺设计应保证热介质运行时在换热器的进口端和出口端的压力均大于冷却水的压力，并大于某一数值，该数值由有关要求规定。

（2）运行操作规程

- 开始运行操作时，要先缓慢打开低压侧阀门，然后打开高压侧阀门。

- 停车运行时应缓慢切断高压侧流体，再切断低压流体，请注意这样做将大大有助于本设备的使用寿命。

- 启动时不得猛烈冲击，防止冲坏密封垫。

- 设备应在本产品规定的工作温度、压力范围下操作。严禁超温超压运行。

- 超温超压可能破坏密封性能造成泄漏。禁止操作时猛烈冲击。用于汽水热交换的场合，产品规定的设计压力不作为蒸汽的工作压力，蒸汽工作压力应使蒸汽进入温度不大于本产品规定的设计温度。

3.1.7.3 维护

清洗

- 一般情况可不解体清洗，用水与介质流动反方向进行冲洗，可冲出通道内少量的泥沙沉积或介质中的杂物沉淀，但压力不得高于工作压力，也可用对换热器材质无腐蚀性的化学清洗剂清洗。如长时间使用，板片表面会有一定的沉积物结垢而影响换热效果，因此设备应根据水质、温度、介质特性等实际情况定期拆洗。清洗剂的选择，目前采用的是酸洗，它包括有机酸和无机酸。有机酸主要有：草酸、甲酸等。无机酸主要有：盐酸、硝酸等。换热器材质为镍钛合金，使用盐酸为清洗液，容易对板片产生强腐蚀，缩短换热器的使用寿命，因此多采用硝酸。硝酸清洗所用的缓蚀剂可为0.2%～0.3%的乌洛托平，并加入0.15%～0.2%的苯胺和0.05%～0.1%的硫氟酸铵。经硝酸清洗并冲洗干净后的设备在空气中可自行钝化。选择甲酸作为清洗液效果最佳。在甲酸清洗液中加入缓冲剂和表面活性剂，清洗效果更好，并可降低清洗液对板片的腐蚀（酸洗液应按甲酸81.0%、水17.0%、缓冲剂1.2%、表面活性剂0.8%的浓度配制）。酸洗温度控制在60℃为宜。拆洗时将换热器解体，用棕刷洗刷板片表面污垢，也可用无腐蚀性的化学清洗剂洗刷。注意不得用金属刷洗刷，以免损伤板片影响防腐能力。

- 设备的仪表调节应有专人负责，并严格按照操作规程进行操作。

- 板式热交换器压紧螺帽与上下导杆，应经常加润滑油脂进行润滑。

- 在进行板片清洗同时还必须检查各传热片与橡胶垫圈的粘合是否紧密，密封垫本身是否完好，以免密封垫脱胶与损坏而引起的漏泄。

- 当需更换密封垫或修补脱胶部分时，需将该板片取下，放在桌上，将旧垫片拆下，或在脱胶处将传热片凹槽的胶水遗迹用细砂纸擦尽，再用稀料等溶剂把凹槽内的油迹擦尽，再把新密封垫的背部用细砂纸擦毛，同样用稀料等溶剂把油迹擦尽。然后在凹槽和密封垫背面均薄薄敷上一层胶水，待稍干一下，以不粘手指，但仍发黏为度，即将密封垫嵌入槽内，四周压平，敷一层滑石粉，随即将板片装上设备机架轻轻夹紧。根据胶水说明书要求隔一段时间后即可投产使用。

- 更换板片密封垫时，必须将该段全部更新，以免各片间隙不均，影响传热效果。
- 每次将板片重新压紧时，必须注意上一次压紧时的刻度位置，切勿使密封垫压过度，以致垫圈使用寿命降低。
- 损坏的板片应进行更换，如没有备用板片，在操作允许的情况下两个相邻板片（两张板片不应是换向板片而应是带四孔的板片），夹紧尺寸应相应减少。
- 组装换热器时板片和密封垫应保持干净，板片摆放应整齐，并遵照产品组装形式图组装板片。压紧时螺栓应对角压紧，受力应均匀，防止个别螺柱过紧而损坏螺柱及板片。
- 供暖运行结束后，对板式换热器有湿保养和放干保养两种，对于水质较好的场合，可以采用将换热器充满水进行保养。但对于水质不好的场合，应将换热器内的水放干进行保养。

3.1.8 空调冷热源的监测与控制

3.1.8.1 概述

空调系统冷、热源的控制包括冷、热源机组的能量调节和冷、热源机组的台数控制。

冷、热源机组的能量调节一般由机组自身的控制设备完成，如离心式制冷机组的导叶开度调节和螺杆式制冷机组的滑阀位置调节等。自动控制系统的任务仅仅是接收、显示和监测机组的运行状态和运行参数，当参数超过正常范围时则应当发出警报信号。如果某些关键性的参数长时间超过正常范围，自动控制系统应当根据事先确定的程序停止机组的运行，做好故障记录，同时启动备份机组。

当冷、热源机组不止一台时，除了每台机组要进行能量调节外，还要对运行机组的台数进行控制，适当关闭一些机组及其附属的水泵、冷却塔等，避免所有的冷热源机组同时运行在部分负荷下，以提高整体效率。

制冷空调系统中的冷、热源机组在运行中，需要对一些主要的参数进行连续监测。这些参数包括冷水机组的冷凝器、蒸发器的水侧进、出水压力和温度；热交换器一、二次侧的进、出水压力和温度；分水器、集水器的温度和压力或压差；各台水泵的进、出水压力；过滤器两端的压差；系统的总流量（通常在回水处测量）；以及冷水机组、各主要阀门、水泵、冷却塔风机的运行状态等。通过监测，能过及时掌握系统的运行情况，及早排除可能发生的故障。

当冷水机组以自动方式运行时，为保证制冷机的安全运行，整个系统中的其他设备，包括冷冻水泵、冷却水泵、冷却塔风机等都要与制冷机实现电气联锁，顺序启停。具体就是，当冷水机组启动时，这些设备应当先于制冷机开机运行；停机时则按相反次序进行。除了启停次序外，在启动制冷机时还应当确认冷冻水泵和冷却水泵已经正常工作，相关阀门也已经打开。这通常利用设置在制冷机组相关管路上的水流开关与制冷机的启动电路实现电气联锁。

如果系统中具有蓄冷（热）装置，则还应当对其中的主要参数进行监测，如蓄冷（热）设备的进、出口水温与流量、液位、运行状态、调节阀阀位等。在有条件的时候还应对冷（热）量进行计量。

3.1.8.2 空调冷热源监测与控制系统的运行及维护

工程竣工验收后，应建立运行维护、维修等规章制度以及运行日志和设备的技术档案。

运行维护人员应经过培训后上岗。应对运行操作人员的权限进行管理和记录。

监控计算机不应安装与监控系统运行无关的应用软件。

运行期间，应每日巡检并定期进行现场仪表的维护保养，宜3~6个月内完成一轮检查与养护工作，包括下列内容：

- 测量显示仪表的数值，敏感元件的连接状况和清洁防腐，供电状况（特别是电池供电的设备和无线式传感器），在人机界面上查看故障报警信息；
- 执行器的接线状况，机械润滑和清洁防腐，在人机界面上查看故障报警信息；
- 控制器的接线状况和工作环境，检查电池的电量，在人机界面上查看故障报警和输入输出信息。

运行期间，被监控设备检修或检测或监控系统发生故障时应注意下列内容：

- 被控设备检修时，应将现场电气控制箱的手动/自动转换开关置于"手动"，此时监控系统可以看到检测参数但自控指令不被执行。检修后，应恢复开关位置，监控系统可以根据需要对于长期处于"手动"位置的设备给出警示。
- 传感器发生故障时，人机界面上给出警示。涉及自控算法的，应将监控系统的手动/自动模式选为"手动"，由操作人员在人机界面上给出动作指令来控制设备运行。维修或更换后，应恢复模式的设置。
- 执行器发生故障时，人机界面上给出警示。监控计算机发生故障时，各现场设备应可维持自控运行。
- 运行期间，监控系统的运行记录应定期进行备份，且备份周期宜为半年到一年。
- 投入运行的前两个冷暖季内，应每半年对监控系统的运行记录进行分析，必要时对自控程序进行修改。
- 建筑功能或者用户改变后，应对监控系统的自控程序进行相应的修改或调整。
- 系统稳定运行后，可一到两年对监控系统的运行记录进行分析，必要时对自控程序进行调整和优化。

3.1.9　制冷机房

3.1.9.1　概述

制冷机房就是放置制冷机组的机房，在制冷机房中配置有循环水泵以及控制柜。

3.1.9.2　制冷机房安全操作规定

- 制冷机房操作人员必须要持特种作业证上岗，对设备的主机以及附属设备的构成、性能、原理熟练掌握，发生故障时可找出故障原因，使用正确处理措施解除设备故障。

- 非机房操作人员需经过同意后方可进出机房，做好出入登记，由专人带领进入，不得私自进出，违者要负相应的责任。

- 防止发生火灾，机房需配备大量灭火器材，并对其定期进行检查，如果有过期失效或损坏的现象，要及时报告相关部门进行更换处理，保持安全通道畅通无阻。

- 制冷空调机房内应及时打扫卫生，设备表面不能有油渍、尘埃，室内不能有垃圾杂物堆放。日常使用中必须及时对出现问题的设备进行维护，加强设备定期保养，严格执行开关机程序。

- 值班人员负责当值异常情况和事故的处理，立即向主管领导报告，配合电气及检修人员工作，及时处理故障。一旦发现检修人员有危及人身和设备安全的行为时有权制止，待符合安全条件后，方可重新工作。

- 交接班人员应按规定的时间进行交接班。交班人员应办理交接手续，签字后方可离开。遇事故处理时，不得进行交接班。

- 值班人员应提前到班，做好接班准备工作。查阅各项记录，巡视检查设备及各部安全装置、仪表、安全运行状况是否正常。了解上班异常情况及事故（故障）处理情况等。

- 正常巡检除交接班巡检外，还应定时进行巡检。在新设备投入运行后，以及设备异常、试验、检修、故障处理后，应当增加巡检次数。值班巡检人员必须遵守安全操作规程，确保人身安全。

- 处理制冷剂泄漏事故时，应使用防毒面具、乳胶手套等必要的防护用品，不得造成环境污染超标排放。

- 防护用品、安全用具可根据具体情况设兼职保管员，由制冷站的班组长负责。

- 防护用品以及防护治疗药品应存放在固定的地点，禁止用在其他场合。

- 防护用品、安全用具，按照规程规定进行定期检验，对不合格的安全用具报废后，应补充新用具存放于原处。防护用品、安全用具应存放在指定地点，由专人负责。如有过期失效或损坏情况，则应报有关部门及时处理。

- 制定完善的安全操作规程，指导操作者安全的操作程序、步骤和方法，保证操作过程中的安全，是制冷作业安全的核心内容。

3.1.10 承压热水锅炉

3.1.10.1 概述

承压热水锅炉热水通过热交换器换热后，供应空调采暖热或生活热水系统使用（热用户）。锅炉控制出水温度不变（锅炉房内设置温度补偿器，根据室温调整锅炉出水温度），根据热交换器二次侧出水温度，控制热交换器一次回水侧电动通阀，以改变锅炉回水温度，达到供需平衡。

3.1.10.2 调适

通过有效的测试及调适，确保锅炉、换热器、水泵、水处理设备、补水设备、管路及阀门等有效运转；并按照本书要求，达到根据末端负荷变化而自动调整锅炉的运行数量以及输出热量。

测试及调适的开展，首先应确保系统的上述各组成部分，已经被完好地安装并且没有瑕疵。管路系统已经过冲洗并确保没有堵塞，且阀门均处于正确位置。

测试及调适的过程，应有承包商、供货商共同参与，机电顾问应参与见证。

承包商应会同供应商完成测试调适报告，经机电顾问审核后提交给使用方。

（1）基本检查

外观检查：应确保设备没有污损、磕碰、变形。

附件检查：应确保锅炉附件配置，包括传感器、控制器、燃烧器等，已按装箱单配置项目正确安装，燃气管道或供油管路已经接通且无泄漏。锅炉已安装有用于方便检修的爬梯或其他措施。

送电检查：应确保送电线路已正确连接且无松动，电气元件及控制线路正确安装。

安装连接检查：

- 应确保锅炉已经水平安装在符合要求的基础上并有符合要求的降噪防振措施；
- 锅炉进、出水管道连接严密，管路阀门处于正确位置；
- 锅炉烟囱已经安装完毕且严密，其低点安装有泄水阀门，保温无破损。

其他检查：水泵、油泵、燃烧器应已经经过单机点动通电测试且能正常运转，管路系统已经排污及排气。补水系统显示达到设计值。

（2）测试项目

- 锅炉进水温度，压力；
- 锅炉出水温度，压力；
- 排烟温度；

- 燃烧器电机工作状态，包括输入功率、电流及频率等参数；

- 持续运行时间内燃烧器消耗燃气量；

- 燃油系统管路及油泵工作状态，以及持续运行时间内的耗油量；

- 锅炉测试应从冷态逐渐点火运行并缓慢温升。每台锅炉的调适以每隔15分钟从设备最低负载，以25%为一个等级逐渐增至全载100%。在到达全载时，须维持运行30分钟，然后再按序递减至25%。

（3）控制系统

基本检查：

- 管路系统已安装完毕且阀门处于正确的开启位置；

- 定压补水装置已经手动测试后无误，系统压力在正常状态；

- 锅炉、换热器及水泵均已手动测试合格；

- 机房群控系统安装完毕，所有电气电路、控制元件等均已安装；

- 根据机房群控建施以及控制点位设计要求，注意检查各点位控制器或传感器是否安装；

- 软件操作系统以及图形界面已经安装，并在显示器正常显示。

测试项目：

- 测试供热系统在设定程序下，各个设备顺序开启并进入运行状态；

- 通过图形界面，注意检查各个设备、阀门的状态是否与就地状态、读取数据一致；

- 检查在图形界面中，需要监视的点位以及需要控制的点位是否与设计要求一致；

- 在规定的时间内运行换热系统，并记录及累计数据进行打印。

3.1.10.3 运行

（1）开机前检查

锅炉：

- 检查锅炉水位器水位是否正常；

- 检查所有阀门位置是否正确（出水阀、回水阀、排污阀、排气阀、烟道蝶阀、膨胀定压系统连接等）；

- 检查所有仪表是否正常（低水位限制器、超压开关、低压开关、超温开关、温度表、压力表等）。

安全阀：

- 检查安全阀是否状态良好（提升手柄）。

天然气系统：

- 确认天然气表房总管阀门、天然气放空管阀门、天然气总管阀门、天然气稳压阀进气阀门均处于正常开启工作状态；

■ 确认所有锅炉天然气稳压阀组阀前、阀后压力在正常范围。

燃油系统：

■ 确认储油罐出油总阀开启，关闭日用油箱排污总阀，开启所有油泵过滤器进、出口阀门；

■ 确认输油泵、排油泵进出口手动阀门处于正常开启状态；

■ 锅炉房内送排风装置打开。

（2）锅炉启停

■ 燃烧器冷炉启动时，燃烧器先小火运行，到设定时间后，再调节大火；

■ 在达到需要的出水温度后分别打开锅炉回水管路附件、给水管路附件（如有必要）及锅炉出水管路附件（缓慢地）；

■ 当需要停止锅炉运行时，停止燃烧器，切断不需要的电气部分；

■ 关闭热水循环泵；

■ 关上主循环回路上的阀门；

■ 如果排污阀开启，关上排污阀；

■ 至定压膨胀系统的阀门应保持开启；

■ 关闭分/集水器上的不需要的阀门；

■ 关闭主供油阀/供气阀。

（3）运行策略

■ 当末端负荷上升，系统回水温度下降，下降到设定下限值，并仍有下降趋势时，再开一台锅炉运行；

■ 当末端负荷下降，系统回水温度上升，上升到设定上限值，并仍有上升趋势时，关闭一台锅炉运行。

3.1.10.4 维护

（1）每日维护保养

■ 检查火焰侦测器，必要时清洁；

■ 检查各种泵的状态（噪声、振动、泄漏、进口侧的压力）；

■ 检查燃烧器的火焰状态（通过锅炉观火孔）；

■ 检查膨胀系统的状态（水位、系统压力等）；

■ 执行锅炉炉水检验（含盐量、水质硬度等）。

（2）每周维护保养

■ 检查整个系统的密闭性；

■ 检查烟气清洁的各开口是否紧闭；

- 检查前炉门是否紧闭；

- 检查锅炉是否应该清洁；

- 设备启动前通过排污阀排出少许炉水；

- 清理并仔细观察有自然磨损的设备的每个部分，如有必要应进行更换。

（3）定期维护保养

- 检查安全阀是否活动自如；

- 检查备用装置是否可运作；

- 检查温度传感器并对锅炉各个安全保护限制器进行功能测试；

- 清洁泵、调节器、流量计前段过滤器及滤网；

- 清洁表盘仪表、调节器、限制保护装置，并检查这些装置是否有磨损与破裂；

- 检查各法兰盘与螺丝,如有必要重新上紧并且完全锁定定位；

- 检查并清洁燃烧器组件，如辅助燃烧器、雾化器、风扇或喷嘴、燃烧头与点火电极棒；

- 在长时间运转后，添加滑动轴承或滚珠润滑剂；

- 视燃料及操作形式，检查锅炉之受热面，当排烟温度增加 60~80℃（依工作压力或温度而定）或锅垢累积到一定程度，须清洁受热面；

- 操作第一个季度，必须检查锅炉水侧有无腐蚀与结垢，而后每年检查一次；

- 检查日用油箱及转换油箱是否积水，如有需要将其排空；

- 如果系统上配有其他功能组件、泵等，请参照其随机自带的使用和维护说明进行维护；

- 锅炉、燃烧器和其他设备应该每年进行一次调教，建议由设备厂家或授权单位进行；

- 停炉季节不要排空系统，在整个系统中应保持正常工作时的压力和水质。

3.1.11　真空热水锅炉

3.1.11.1　概述

真空热水锅炉换热器供回水温度60/50℃，直接接入空调热水系统。

3.1.11.2　调适

通过有效的测试及调适，确保锅炉、水泵、补水设备、管路及阀门等有效运转；并按照本书要求，达到根据末端负荷变化而自动调整锅炉的运行数量以及输出热量。

测试及调适的开展，首先应确保系统的上述各组成部分，已经被完好地安装并没有瑕疵。管路系统已经过冲洗并确保没有堵塞，且阀门处于正确开启位置。

测试及调适的过程，应有承包商、供货商共同参与，机电顾问应参与见证。承包商应会同供应商完成测试调适报告，经机电顾问审核后提交给使用方。

（1）基本检查

外观检查：应确保设备没有污损、磕碰、变形。

附件检查：应确保锅炉附件配置，包括传感器、控制器、燃烧器等，已按装箱单配置项目正确安装，燃气管道或供油管路已经接通且无泄漏。锅炉已安装有用于方便检修的爬梯或其他措施。

送电检查：应确保送电线路已正确连接且无松动，电气元件及控制线路正确安装。

安装连接检查：

- 应确保锅炉已经水平安装在符合要求的基础上并有符合要求的降噪防振措施；
- 锅炉进、出水管道连接严密，管路阀门处于正确位置；
- 锅炉烟囱已经安装完毕且严密，其地点安装有泄水阀门，保温无破损。

其他检查：水泵、油泵、燃烧器应已经经过淡季点动通电测试且其能正常运转，管路系统已经排污及排气。

（2）测试项目

- 锅炉进出水温度，压力。
- 燃烧器电机工作状态，包括输入功率、电流及频率等参数。
- 持续运行时间内燃烧器消耗燃气量。
- 燃油系统管路及油泵工作状态，以及持续运行时间内的耗油量。
- 排烟温度。
- 锅炉测试应从棱台逐渐点火运行并缓慢温升。每台锅炉的调适以每隔15分钟从设备最低负载以25%为一个等级逐渐增至全载100%。
- 在到达全载时，须维持运行30分钟，然后按序递减至25%。

（3）控制系统

基本检查：

- 管路系统已安装完毕且阀门处于正确的开启位置；
- 定压补水装置已经手动测试后无误，系统压力在正常状态；
- 锅炉、水泵均已手动测试合格；
- 机房群控系统安装完毕，所有电气电路、控制元件等均已安装；
- 根据机房群控建施以及控制点位设计要求，注意检查各点位控制器或传感器是否安装；
- 软件操作系统以及图形界面已经安装，并在显示器正常显示。

测试项目：

- 测试供热系统在设定程序下，各个设备顺序开启并进入运行状态；
- 通过图形界面，注意检查各个设备、阀门的状态是否与就地状态、读取数据一致；
- 检查在图形界面中，需要监视的点位以及需要控制的点位是否与设计要求一致；
- 在规定的时间内运行换热系统，并记录及累计数据进行打印。

3.1.11.3　运行

（1）开机前检查

锅炉本体：

- 检查锅炉真空度保持在-100~90kPa（常温）；
- 检查锅炉水位器水位正常。

天然气系统：

- 确认天然气表房总管阀门、天然气放空管阀门、天然气总管阀门、天然气稳压阀进气阀门均处于正常开启工作状态；
- 确认所有锅炉天然气稳压阀组阀前、阀后压力在正常范围。

燃油系统（一般酒店锅炉房作备用燃料）：

- 确认储油罐出油总阀开启，关闭日用油箱排污总阀，开启所有油泵过滤器进、出口阀门；
- 确认输油泵、排油泵进出口手动阀门处于正常开启状态。

（2）锅炉启停

- 在锅炉控制柜上选择燃气或燃油工况；
- 锅炉点火运行前开启所选择的燃烧工况的燃料管路阀门；
- 启动 5 分钟后开启循环水泵（循环水泵详见暖通专业）；
- 当需要停止锅炉运行时，首先关闭控制面板的运行/停止开关；
- 鼓风机叶片停止旋转时，关闭控制面板电源开关（冬季有冻裂危险时不准关闭）；
- 停止循环泵（循环水泵详见暖通专业）；
- 关闭主供油阀/供气阀；
- 关闭电源总开关（冬季有冻裂危险时不准关闭）。

（3）运行策略

- 当末端负荷上升，系统回水温度下降，下降到设定下限值，并仍有下降趋势时，再开一台锅炉运行；
- 当末端负荷下降，系统回水温度上升，上升到设定上限值，并仍有上升趋势时，关闭一台锅炉运行。

3.1.11.4　维护

- 冬季有冻裂危险时，打开电源总开关，打开防冻裂和燃料主阀门，当热媒温度8℃以下时，锅炉自动启动，把热媒温度提高到15℃，就停炉；
- 机组必须定时清洗过滤网、喷嘴；定时对燃烧器进行保养并更换喷嘴；否则会引起机组燃烧故障；
- 机组换热器传热管必须定时清洗，否则使用时间过长会引起传热管堵塞而损坏传热器。

3.1.12　锅炉房监控系统

3.1.12.1　热水锅炉房监控系统界面规定

（1）锅炉房监控系统与锅炉自带控制箱的界面

锅炉自带就地控制箱（LBC）须能接受锅炉房监控系统对锅炉发出的开启、关闭及热备用命令，并使锅炉设备做相应的操作；锅炉自带控制箱须将锅炉开关状态/报警信号/故障信号发至锅炉房监控系统的系统监控柜。

（2）锅炉房监控系统与楼宇自控BMS系统的界面

锅炉房监控系统设置工程师/操作员站。工程师/操作员站可将锅炉及重要辅助设备的运行参数、运行状态、报警信号、故障信号等数据通过网络上传至楼宇自控BMS系统。

3.1.12.2　锅炉房监控系统的具体功能要求

（1）对锅炉及配套的烟气、热水、供水、燃气等子系统所属设备的运行参数与状态设置实时监测和监视功能：

- 检测所有锅炉烟道的烟气含氧量、排烟温度并计算热效率，便于操作人员了解锅炉的运行情况和燃烧效果，及时采取调整空气/燃料比等措施，达到提高热效率，节约能源和保护环境的目的；

- 对锅炉房软水箱的水位进行实时检测、监视与报警，随时掌握锅炉供水系统状态，保证锅炉运行的安全；以便必要时快速采取人工应急处理措施；

- 锅炉房热水锅炉回水总管、集水缸每路回水总管上装设能量计，对热负荷进行实时检测、监视；采取必要的节能措施。

（2）设置锅炉、锅炉给水泵（热水循环水泵）、软水器、软化水箱进水、定压装置及锅炉房送、排风机等设备的运行工作指示功能，观察了解设备的运行状态。

（3）设置对可能影响锅炉系统安全运行的各锅炉及配套设备的超限位状态和故障状态进行光指示与声报警，提醒值班人员及时处理超限位及设备的故障状态。

（4）本系统应能实现对锅炉的紧急停炉控制和对软水箱进水电磁阀及送、排风机等设备进行自动/手动遥控或双重控制；这样既提高了系统的自动化程度，同时一旦该设备自动工作状态失灵，则可进行应急手动遥控操作。

（5）系统设置计算机模拟监视系统，利用专用组态软件及设计编制的系统组态应用软件可在计算机系统的LED液晶显示器上展示锅炉系统和烟气、热水、供水、燃气及排污等各子系统的动态工作模拟图，从而能清晰、直观地了解系统的实时运行状态；以表格形式显示各运行参数、运行状态和报警信息；以棒图形式形象地显示参数的量值，同时执行历史事件的记录和值班记录打印等，作为设备运行的历史档案资料，供必要时查阅。

（6）系统具有对各台锅炉的运行时间进行采样、计数的功能，并将所计参数由计算机模拟监视系统进行造表显示。

3.1.13 故障诊断

故障诊断详见7.1、7.2、7.3章节。

3.2 水系统

3.2.1 空调循环水泵

3.2.1.1 概述

在暖通空调系统中水泵的作用主要体现在以下三个方面：

（1）空调冷（热）水水泵，是在冷（热）水环路中驱动水进行循环流动的装置。

（2）空调冷却水水泵，是在冷却水环路中驱动水进行循环的装置。

（3）空调系统补水水泵，是空调补水所用的装置，负责将处理后的软化水打入到系统中。

在暖通空调系统中常用的水泵有卧式离心泵和立式离心泵，它们都可以用在冷冻水系统、冷却水系统和补水系统中。

3.2.1.2 运行和维护

（1）调适

- 水泵调适前应仔细冲洗干净管路，保证水泵内不会冲入异物，水泵首次启动前必须注满水后才能开机运行（非常重要）；
- 水泵在无水状态下严禁点动电机来检查正反转；
- 水泵进口必须为正压，进口水位必须高于水泵(如低则必须加装止回阀），出口管路上水泵与阀门之间应安装压力表；
- 如果泵到达后不立即安装和使用，则应存放在清洁干燥的地方，应采取各种防护措施，诸如防潮、防尘、防污及防外物进入等。

（2）运行

水泵使用前必须先排气，确保泵内有水后才能启动水泵。在水泵运行过程中需注意观察其运行状况，内容包括：

- 水泵工作压力——水泵进出口压差符合工作曲线范围；
- 水泵的振动/噪声——振动引起噪声，可根据电机噪声指标＋3db判断水泵运行振动是否正常；
- 水泵电流——根据经验值运行电流在额定电机的80%～90%；

- 电机温升——F级绝缘的温升155℃减去环境温度；
- 电机轴承温升——应小于80℃；
- 检查电控箱电源的质量、电源线的连接是否牢固、电机的接线是否正确、是否松动。

（3）维护

- 泵体部分在正常情况下免维护；
- 无加油嘴的水泵，电机轴承无需保养，正常情况下2万小时需更换（从电机生产日期开始）；
- 有润滑嘴的电机应按照电机铭牌说明，定期加注高温锂基脂，停用6个月以上的电机启动前应先润滑，注意电机所使用的润滑脂型号；
- 电机首次加油后每运行2千小时，轴承需加一次润滑脂（高温锂基脂），电机上有具体标注（当年生产的电机）；
- 4kW以下电机通常启动频率不能超过100次/小时，其他电机则不能超过20次/小时，特殊的电机例外；
- 对于长时间停用的水泵，排空泵内的液体；再次启动需按新泵启动要求灌水、排气、盘动水泵、调整同心度（使用联轴器的卧式水泵）；
- 在寒冷的场所不使用水泵时应做好防冻处理，排空泵内的液体使用联轴器的卧式水泵，需每三个月检查同心度和地脚螺栓的紧固；
- 空调系统水泵的常见故障及处理方案；
- 注意：打开接线盒盖之前，应断开电源！水泵的进出口必须安装压力表,否则将视为系统不完善，很多故障将无法排除。

3.2.2 热媒水循环泵

3.2.2.1 概述

水泵是确保热媒水系统持续循环的重要设备。水泵的性能参数有流量、扬程、转速、功率、效率，这些参数表示了水泵的工作性能。水泵的性能曲线上任何一点所对应的各个参数，成为工况点。选择水泵时应尽可能使实际运行的工况点处在高效区范围内，以求降低能耗。

3.2.2.2 调适

- 泵体、进水管路应注满接至，且应排出空气；
- 进口阀门全开，出口阀门关闭；
- 启动水泵，判断电机方向，确保电机转向与箭头方向、蜗壳旋转方向一致；
- 缓慢开动水泵，并在达到全速时调节至工作点；
- 系统必须平稳运行，无异常振动；
- 应确保机械密封没有泄漏；当密封的试车状态完毕时，如有任何泄漏，应停止运转；

- 根据水泵扬程，调节出口阀门，使水泵运行在额定工况下；

- 观察运行半小时，确保无故障，压力稳定。

3.2.2.3 运行

（1）开机

- 启动电机；

- 运转应平稳，无异常振动；

- 确保水泵在额定工况下运行。

（2）关机

- 关闭电机；

- 停泵应平稳；

- 确保出口单向止回阀工作正常，以防水锤损伤水泵。

（3）长期停机

- 水泵长时间不运转时，应关闭进口管路的闸阀；

- 若有冰冻的隐患，水泵长时间不运转时，应放空水泵或采取防冻措施。

3.2.2.4 维护

（1）日检

- 应每日检查水泵的运行状况；

- 水泵运行中出现的任何异常现象应立即汇报；

- 水泵运行中的声音出现异常应立即进行检查；

- 应每小时检查一次轴承温度；

- 应每日检查压力表和流量计的状况，定时记录仪表读数并进行核对是否正常。

（2）半年检查

- 应每半年检查一次轴转动是否自由，发现异常应立即检查泵与电机的轴对中情况；

- 应每半年检查一次轴承的润滑脂是否充足、有效且未变质。

（3）年检

- 轴承应每年进行一次拆卸清洗，并检查是否存在缺陷；

- 轴承座应每年进行一次清洁；

- 检查完毕后，应立即给轴承涂上油或润滑脂；

- 轴套应每年检查一次磨损状况；

- 应每年检查一次泵与电机的轴对中情况；

- 应每年对防水孔、密封冷却水管和其他水管进行一次冲洗检查；

- 应每年对测量仪器仪表进行一次重新校准。

3.2.3 空调水输配系统一级泵系统

3.2.3.1 概述

在空调水输配系统一级泵系统中，主机、一次水泵和冷却塔是——对应关系：一台主机配置一台一次水泵，配置一台冷却塔。一次泵系统独立构成一次循环也叫一次循环，一次循环也可分为定流量和变流量两种系统。定流量一次泵系统不节能，主要用在楼层低的小型项目；变流量一次泵系统通过压差旁通管路实现主机测定流量，用户侧通过安装电动二通阀实现变流量，因此：主机和一次水泵为定流量运行，节能是通过用户侧流量的变化由自控系统调节主机和水泵运行台数来实现的。

3.2.3.2 运行

调节主机和水泵运行台数的过程：

（1）通过电子式压差旁通阀，由压差传感器传递进回水间运行压差的电信号到主机或水泵的控制系统。当用户数量减少时，通过用户侧的流量下降，压差旁通阀自动开大，流量增加，保证总流量不变；当用户数量增加时，通过用户侧的流量增加，压差旁通阀自动关小，流量减少，总流量不变。即通过压差旁通阀的流量是和进回水间的压差相关的，只要设定主机或水泵的控制系统，当压差传感器检测到 ΔP 增加到 ΔP_{max}（当压差旁通阀流过的流量达到一台主机开启时的流量，此时进回水间的压差设定为 ΔP_{max}）此时控制系统即可关闭一台主机，达到节能目的。反之，当压差传感器反馈 ΔP 下降到 ΔP_{min} 时，控制系统即可开启一台主机。

（2）通过旁通系统安装的流量计，由流量计将流量信号反馈给主机和水泵的控制系统，当旁通系统的流量达到一台主机的运行流量时，关闭一台主机；当旁通系统的流量小于现主机运行所需求的最低流量时，重新开启一台主机。

3.2.4 空调水输配系统二级泵系统

3.2.4.1 概述

二次泵变流量系统的主要特点是将空调系统的传统一次循环泵分为两级。一次泵负责克服冷机侧的阻力，一次与冷水机组——对应，水泵设计流量为冷水机组蒸发器额定流量，通过合理的计算选型，使一次泵运行在最佳效率工况点。二次泵用来克服末端的阻力，可以在不同的末端环路上单独设置，二次泵可以根据该环路负荷变化进行独立控制、变频调节。

当系统较大、阻力较高，且各环路负荷特性相差较大，或压力损失相当悬殊时，采用二次泵方式，二次泵的流量与扬程可以根据不同负荷特性的环路分别配置，对于阻力较小的环路来说可以降低一次泵的设置扬程，做到"量体裁衣"，极大地避免了无谓的浪费。而且二次泵的设置不影响制冷主机规定流量的要求，可方便地采用变流量控制和各环路的自由启停控制，负荷侧的流量调节范围也可以更大；尤其当二次泵采用变频控制时，其节能效果更好。在超高层建筑中采用二次泵系统，还可以利用水泵压头的分割，减少系统底部的承压。

3.2.4.2 维护

对于集中空调水系统的检查应包括以下内容：

- 检查冷却、冷冻水的水质情况，是否需要更换水；
- 检查冷却、冷冻水系统中的过滤网上的杂质，且清洗过滤网；
- 检查水泵声音、电流是否运转正常；
- 检查阀门是否开启灵活、有无锈斑、有无泄漏等现象；
- 检查保温系统有无开裂、破损、漏水等现象。

3.2.5 故障诊断

故障诊断详见7.4、7.5章节。

3.3 风系统

3.3.1 概述

空调系统即空气调节系统，是采用技术手段把某种特定空间内部的空气环境控制在一定状态下，使其满足人体舒适或生产工艺的要求，包括对空气的温度、湿度、流速、压力、清洁度、成分及噪声等的控制。有很多因素会影响到上述参数，比如室外气温变化、太阳辐射通过建筑围护结构对室温的影响、外部空气带入室内的有害物，以及内部空间的人员、设备与工业过程中产生的热、湿和有害物等。空调系统的作用就是利用人工方法消除室内的余热、余湿，或补充不足的热量与湿量，清除空气中的有害物，并保证内部空间有足够的新鲜空气。

3.3.1.1 空气环境的基本衡量参数

（1）温度

温度是衡量空气冷热程度的指标。空气温度的高低，对于人体的舒适和健康影响很大，也直接影响某些产品的质量。一般来说，人体舒适的室内温度，冬季宜控制在18～22℃，夏季控制在24～28℃。

（2）湿度

湿度是空气中水蒸气的含量，可以用绝对湿度、含湿量、饱和绝对湿度、相对湿度表示。湿度最常用的表示方法是相对湿度，相对湿度是单位容积内空气中含有水蒸气质量的实际值与同温度下单位容积内空气所能包含的水蒸气质量的最大值之比。相对湿度越小，就意味着空气越干燥，吸收水蒸气的能力就越强；反之，相对湿度越大，就意味着空气越潮湿，吸收水蒸气的能力就越弱。通常人体感觉舒适的相对湿度为40%～60%，但这个范围在不同地区对不同人群会有所变化。

（3）清洁度

清洁度包含两个含义：空气的新鲜程度和空气的洁净程度。

空气的新鲜程度可以用换气次数衡量，换气次数指单位时间内房间的送风量与房间体积之比。

空气的洁净程度指空气中的粉尘及有害物的浓度。洁净程度的判断标准为空调房间的绝大多数人对室内空气表示满意，且空气中没有已知的污染物达到了可能对人体健康产生严重威胁的程度。

（4）气流速度

通常规定，舒适性空调的室内空气平均流速为：夏季不大于0.3m/s，冬季不大于0.2m/s。

3.3.1.2　空调系统组成

空气调节的基本手段是将室内空气送到空气处理设备中进行冷却、加热、除湿、加湿、净化等处理，然后送入室内，以达到消除室内的余热、余湿、有害物，或为室内加热、加湿的目的；通过向室内送入一定量处理过的室外空气来保证室内空气的新鲜度。

常用的集中空调系统由空气处理设备、空气输送设备、空气分配设备以及辅助系统4个基本部分组成。

空气处理设备主要指能对空气进行净化过滤和热湿处理，使送入空调房间的空气符合所需状态的设备，包括过滤器、一次加热器、喷水室、二次加热器等。这些设备组合在一起形成现成的定型产品，即空调器（或空调机）。

空气输送设备主要指不断将空气处理设备处理好的空气有效地输送到各空调房间，并从空调房间内不断地排除室内空气的设备，包括送风机、排风机、风管系统以及必要的风量调节装置。

空气分配设备主要指设置在不同位置的送风口和回风口，其作用是合理地组织空调房间的空气流动，保证空调房间内工作区（一般是2m以下的空间）的空气温度和相对湿度均匀一致，气流速度不致过大，以免对室内的工作人员和生产产生不良影响。

辅助系统主要指为空调系统处理空气提供冷（热）工作介质的部分，该系统可分为空调制冷系统和空调用热源系统两部分。

3.3.1.3　空调系统分类

（1）空调系统按空气处理设备的布置情况，可以分为集中式空调系统、半集中式空调系统和全分散式空调系统。

集中式空调系统：集中式空调系统是将各种空气处理设备和风机都集中设置在一个专用的机房里，对空气进行集中处理，然后由送风系统将处理好的空气送至各个空调房间中去。

半集中式空调系统：除有集中的空气处理室外，在各空调房间内还设有二次处理设备，对来自集中处理室的空气进一步补充处理。

全分散式空调系统：把空气处理设备、风机、自动控制系统及冷、热源等统统组装在一起的空调机组，直接放在空调房间内就地处理空气的一种局部空调方式。

（2）按负担室内负荷所用的介质种类分类

全空气系统：空调房间内的热、湿负荷全部由经过处理的空气来承担的空调系统。需占用较大建筑空间，但室内空气品质有保障。

全水系统：空调房间内热、湿负荷全靠水作为冷热介质来承担的空调系统。占用空间较小，但不能解决房间的通风换气问题，室内空气质量较差，一般不单独使用。

空气—水系统：空调房间的热、湿负荷由经过处理的空气和水共同承担的空调系统。该系统有效解决全空气系统占地空间大和全水系统空气质量差的问题，特别适合大型建筑和高层建筑。

变制冷剂流量（VRV）系统：属于制冷剂直接蒸发系统的一种形式，这是一种制冷系统的蒸发器直接放在室内来吸收房间热、湿负荷的空调系统，冷热源利用率高，占用建筑空间少，布置灵活。

3.3.2 组合式空调机组

3.3.2.1 概述

组合式空调机组是由各种空气处理功能段组装而成的一种空气处理设备。机组空气处理功能段有空气混合、均流、过滤、冷却、一次和二次加热、去湿、加湿、送风机、回风机、喷水、消声、热回收等单元体。

3.3.2.2 调适及运行

（1）组合式空调器在投入试车运转前，必须做好机组本身及有关风道管路内部的清洁工作，经认真检查合格后，方可安装初效或中效过滤器。

（2）必须认真检查控制设备是否安全，风机运转是否灵活，方向是否正确。

（3）水、电、汽、风等各种管路是否畅通，各种控制阀门和开关是否灵活，并处在正确位置。机组箱体结构是按操作压力进行设计的，因此，试车时要注意机组进出口阀门的位置，防止出现高压以致将箱体吸瘪，造成箱体永久变形甚至损坏机组。机组供水时，应先开启排气阀，将管内空气排除，水压不得＞16kg/cm^2。

（4）为确保操作安全、防止人身事故，启动风机前操作人员必须离开风机段，同时关闭检修门。

（5）对于全新风机组，当新风温度低于零摄氏度时，开车前必须先开预热盘管或采用其他相应措施，防止机组内盘管冻裂。

（6）对于带有加湿段的机组，操作时先开风，后开水（汽）；停车时，先关水（汽）、后关风，防止机组内出现过高湿度。

3.3.2.3 维护

（1）冬季机组开机时，应先打开新风阀；停机时应先关闭新风阀。冬季机组临时或较长时间停机时，应先关闭新风阀；如需较长时间停机，则应将换热器内水放干净，以防冻坏换热器。

（2）操作人员每 2 小时记录一次温湿度及其他相关数据。并注意观察电流、电压是否正常；机组运行中注意电机和轴承的异常声音和过热。

（3）下班时先关闭排风电机，并将主风机频率调整到30Hz，待风机正常运转后方可关冷冻机、蒸气。

（4）停机时先使风机继续运行十分钟以上再关回、排风系统，最后关送风系统。

（5）检查人员进入风机段，要有人监护，只有当人员离开风机段，门关闭后，方可启动风机。

（6）每月检查风机和电机轴承，并加润滑油。每月清扫接水盘。

（7）定期检查风机与电机皮带是否在一条直线上；风机动平衡是否良好。

（8）定期检查机组的电气设备，不得有漏电现象发生。

（9）空气过滤器必须定期清洗。检查初、中效过滤器的终阻力值，初效过滤器每年清洗一次。每两年需更换或终阻力大于30Pa 应清洗或更换初效过滤器。

（10）中效过滤器每三年或终阻力大于50Pa时应更换中效过滤袋。初效过滤袋清洗、更换、检测和中效过滤袋更换、检测均应记录。

（11）每年用压缩空气清洁吹刷换热器片翅片的积灰；对换热器水管内部可用较高速度水流或压缩空气进行吹刷，压力不超过0.3MPa。

（12）每运行 2~3 年要用化学方法清洗换热器水管内部，去除水垢；并定期清除冷凝水封杂质；要经常检查电气线路、各种保护装置和接地是否正常。

（13）冬季要有防冻措施，如冬季停用要将冷冻水排尽。

3.3.3　风机盘管

3.3.3.1　概述

风机盘管机组简称风机盘管。它是由小型风机、电动机和盘管（空气换热器）等组成的空调系统末端装置之一。盘管管内流过冷冻水或热水时与管外空气换热，使空气被冷却，除湿或加热来调节室内的空气参数。

按结构形式可分为：立式、卧式、壁挂式、卡式等，其中立式又分立柱式和低矮式；按安装方式可分为明装和暗装；按进水方位，分为左式和右式。壁挂式风机盘管机组全部为明装机组，其结构紧凑、外观好，直接挂于墙的上方。卡式（顶棚嵌入式）机组，比较美观的进、出风口外露于顶棚下，风机、电动机和盘管置于顶棚之上，属于半明装机组。明装机组都有美观的外壳，自带进风口和出风口，在房间内明露安装。

3.3.3.2　调适

（1）按机组电路图配线，在启动之前应对电气线路进行安全检查。

（2）检查风管中的风阀是否打开，以免影响调适时的主观判断。

（3）初次使用时检查风机转向是否正确，同时净三档风量进行确认。

（4）水路正常运行后，应打开换热器上的放气阀，排空后关闭。

（5）机组运行时应合理调节系统，使水温差和运行电流控制在规定值内。

3.3.3.3　维护

（1）机组运行时不得拆卸进行检修。

（2）机组避免只通水而风机不运转的情况。

（3）机组夏季冷冻水温不小于5℃，冬季热水温度不大于65℃。水压不得大于16kg/cm²。

（4）在机组非使用期换热器内应充满水，以减少铜管的腐蚀。但在冬季必须将换热器内水放尽，以免冻坏换热器，同时隔断与外界空气的流通。

（5）由于环境原因，风管系统中出风口有凝露时，请将机组调至高档运转。

（6）有空气过滤器的机组建议每两周清洗一次，特别是在风量和冷量明显下降时。

（7）当冷量不足时，首先检查主机的进出水温度是否符合要求。

（8）本机组轴承无需添加润滑油。

（9）由于环境因素，水盘内会出现"污泥"，主要由人体发尘和环境尘引起，应每季度清理一次。

（10）当出现异常响声时，可能由机组与安装系统的共振引起，请联系厂家咨询。

（11）应定期检查风管、水管和保温严密性，以减少能量损耗。

（12）机组运行2年后应进行全面保养。用化学方法清洗换热器铜管内壁，除去水污。同时用压缩空气清洗翅片，清洗时避免翅片倒片。

3.3.4　离心风机

3.3.4.1　概述

用通风方法改善室内空气环境，就是在建筑室内把不符合卫生标准的污浊空气排至室外，把新鲜空气或经过净化符合卫生要求的空气送入室内。实施通风的谜底在于采用净化、排除或稀释的技术，控制空气传播污染物，保证环境空间具有良好的空气品质，满足人体需氧量，提供适合生活、生产的舒适空气环境。

按通风的范围划分，通风方式可分为全面通风和局部通风。全面通风实质是稀释环境空气中的污染物，在条件限制、污染源分散或不确定的情况下，采用局部通风方式难以保证卫生标准时可以采用全面通风。局部通风方式作为保证工作和生活环境空气品质、防止室内环境污染的技术措施应优先考虑。

按照动力的不同，通风方式可分为自然通风和机械通风。自然通风是依靠风压、热压使空气流动，具有不使用动力的特点。机械通风是进行有组织通风的主要技术手段。

通风系统的设备主要包括风机、风管和风阀等。

通风机是应用最为广泛的风机，空气污染治理、通风、空调等工程大多采用此类风机。其工作原理是通过叶轮旋转将机械能转换为气体的势能和动能，并将气体输送出去。按照进出风原理，主要分为离心式风机、轴流式风机和混流式风机三种类型。

通风管道是通风系统的重要组成部分，其作用是输送气体，根据其制作材料的不同可分为风管和风道两种。一般空调通风工程中采用的是镀锌薄钢板或涂漆薄钢板制成的风道，输送腐蚀性气体的风道采用塑料或玻璃钢。软风管一般是铝质成波纹状的圆管。

在民用和公用建筑中，为节省钢材和便于装饰，常利用建筑空间或地沟敷设钢筋混凝土风道、砖砌风道和预制石棉水泥风道，其表面应抹光。土建风道需预防漏风问题，地沟风道则需要做防水处理。

风阀是通风系统中阀门的总称，主要用来调节风量、平衡系统、防止系统火灾等。常用的风阀有闸阀、蝶阀、止回阀和防火阀等。

3.3.4.2 调适

风机在工作中，气流由风机轴向进入叶片空间，然后在叶轮的驱动下一方面随叶轮旋转；另一方面在惯性的作用下提高能量，沿半径方向离开叶轮，靠产生的离心力来做功的风机称为离心式风机。离心式风机适合于较高风压、风量也较大的场合，可以克服很大的阻力。

离心风机是一台构造复杂的设备，主要有进风口，风阀，叶轮，电机、出风口组成。在不同的状态下，离心风机的效果也不相同。因此，如果不同的部分运行状况不统一，离心风机的效果会受到影响。按照以下调适方法对离心式风机进行调适，可使风机效率达到98%以上。

（1）离心风机允许全压起动或降压电动，但应注意，全压起动时的电流约为5~7倍的额定电流，降压起动转矩与电压平方成正比，当电网容量不足时，应采用降压起动。

（2）离心风机在试车时，应认真阅读产品说明书，检查接线方法是否同接线图相符；应认真检查供给风机电源的工作电压是不是符合要求，电源是否缺相或同相位，所配电器元件的容量是否符合要求。

（3）试车时人数不少于两人，一人控制电源，一人观察风机运转情况，发现异常现象立即停机检查；首先检查旋转方向是否正确；离心风机开始运转后，应立即检查各相运转电流是否平衡、电流是否超过额定电流；若有不正常现象，应停机检查。运转五分钟后，停机检查风机是否有异常现象，确认无异常现象再开机运转。

（4）为保证风机按性能曲线运行，风机试运转时，不允许在风机的四周有任何障碍物，应留有足够的空间，让进出风畅通，否则进出气受堵会使风机降低其风量，严重的甚至引起喘振。

（5）双速离心风机试车时，应先启动低速，检查旋转方向是否正确；启动高速时必须待风机静止后再启动，以防高速反向旋转，引起开关跳闸及电机受损。

（6）离心风机达到正常转速时，应测量风机输入电流是否正常，离心风机的运行电流不能超过其额定电流。若运行电流超过其额定电流，应检查供给的电压是否正常。

（7）离心风机所需电机功率是指在一定工况下的功率。对于离心风机和风机箱而言，进风口全开时所需功率最大。若进风口全开进行运转，则电机有损坏的危险。风机试车时最好将风机进口或出口管道上的阀门关闭，运转后将阀门渐渐开启，达到所需工况为止，并注意风机的运转电流是否超过额定电流。

（8）如发现风量偏小，应先检查风机选型是否与实际通风系统的阻力相匹配，或通风管道有否严重漏气或严重堵塞等问题，应根据不同情况，排除故障，如确因选型错误，则应更换风机。

3.3.4.3 运行

（1）运行前准备

风机安装调适后要检查各加油部位，按说明书要求注油后再启动设备，若长时间不用，启动前必须检查油质。

（2）开机步骤

- 将进、出口阀门关闭；
- 检查电源电压是否正常，开关动作、配线是否正确；
- 启动电动机；
- 注意启动中的振动、声音等情况，如有异响应立即停机，检查原因并及时处理；
- 启动完成，电机达到额定工作状态，确认各部均无异常后，尽快打开出口阀门，逐渐打开进口阀门，打开进口阀门时注意电流表指示值应低于电机允许电流值；
- 达到正常转数后，检查轴承温度，有无油的泄漏；
- 注意风机内部的振动、声音等情况，如有异常，应立即停止运转，检查；
- 检查电机负荷状况是否有异常；
- 检查各连接处是否有气体泄漏。

（3）停机步骤

- 停机时先按停止按钮，然后迅速关闭进出口阀门，若设置有旁通管路可先打开旁通管路，然后关闭进出口阀门，按下停止按钮；
- 停止运转过程中，注意内、外有无异常声响；
- 长期停机时，要注意防止腐蚀和灰尘，特别要把管道封好，以免异物进入机体内造成事故。

3.3.4.4 维护

（1）离心通风机在启动过程中所需的功率，一般都是正常运转功率的数倍。离心通风机的启动功率，是当通风机阀门全闭（风量接近于零）时最小，阀门全开（风量最大）时最大。因此，为了保证电动机的安全启动，离心通风机启动时，应先把阀门全闭。当通风机的转速升至工作转速以后，再将阀门逐渐打开。否则电动机就有因启动负荷过大而被烧坏的危险。

（2）在运行过程中应及时检查风机主轴的轴承和电动机轴承的温度。轴承的温升一般不允许超过40℃，轴承的表面温度不允许超过70℃。在环境温度不大于40℃的情况下，如果轴承温升达到40℃或轴承表面温度达到70℃时，这说明滚动轴承属不正常，应该停机检查。如果继续运行，可能引起事故。

（3）注意吸入口附近不得有堆积物或其他脏物，以免进入机体内。

（4）风机运行时如发出异常的声音，应立即停机，检查管道内有否硬质杂物碰撞叶轮，或通风道突然意外堵塞引起喘振。

（5）运行中应保证其附近无障碍物，避免突然检修缺少足够的检修空间。

（6）风机应在规定的工况内运行（运行区参照风机性能曲线），否则，偏离运行区会使电量消耗增大，甚至缩短使用寿命。

（7）如风机某个零件损坏确实需更换时，应与生产厂家联系，不要随意更换零件而损坏整机。

（8）对风机的修理，必须切断总电源，不许在运转中进行。

（9）日常检查内容：

- 记录风量、风压、声音、振动、转速、电力等变化情况；
- 检查各连接部分气体泄漏情况，连接螺栓的紧固情况及管道、附属设备的振动、声响；
- 风机和电动机的轴承温度；
- 润滑脂或润滑油的有效工作情况；
- 三角带紧松及两带轮端面平行情况。

（10）定期检查内容风机运行一年后，应予以维护保养：

- 至少一年进行一次内部的检查、清扫；
- 检查固定或连接螺栓是否有松动现象；
- 检查叶轮是否变形，皮带是否老化；
- 如果风机被长期存放或停用一年以上，则原来的风机主轴轴承润滑脂可能被氧化并在轴承上产生一层胶状膜，在这种情况下必须清洗轴承，并用同样成分的新润滑脂更换原来的润滑脂；注意：切勿将不同的润滑脂混合使用，必须在无尘或无污染的地方，用文明工具进行操作；
- 风机被长期存放或停用，应检查电机是否受潮、浸水等情况，否则应到电机生产厂予以烘干，电机轴承也按上述要求清洗和更换润滑脂；
- 定期检查油的状况，必要时进行更换或补充。

3.3.5 轴流风机

3.3.5.1 概述

轴流风机主要由叶轮、机壳、电动机等零部件组成，支架采用型钢与机壳风筒连接。其中防腐型轴流风机叶轮、机壳均为玻璃钢制成，其他型式轴流风机一般采用钢板制成。

当叶轮旋转时，气体从进风口轴向进入叶轮，受到叶轮上叶片的推挤而使气体的能量升高，然后流入导叶。导叶将偏转气流变为轴向流动，同时将气体导入扩压管，进一步将气体动能转换为压力能，最后引入工作管路。

3.3.5.2 运行

（1）运行前准备

- 电压是否在正常范围内（一般为380V，允差±6%），三相电流是否基本平衡；
- 风机叶轮与机壳间的间隙是否符合设计要求，手动盘转叶轮是否有卡住和摩擦现象；
- 风机机壳内或管道内有无杂物；
- 叶轮旋转方向是否与风机的旋向标志相符；
- 电机实际转速与风机转速是否相符；
- 电机的接地保护线和电流保护器（保险丝）是否按要求安装。

在总检查合格后，才能进行调适运转。启动时应检查电机的允许电流是否有过载现象。

（2）开机步骤

- 关闭风机动叶及出口风门；
- 启动风机；
- 开启风机出口挡板；
- 调节动叶，根据需要增加风量；
- 送风机不得带负荷启动，且启动次数必须严格遵循电动机相关规定；
- 两台送风机并列启动时，应同步增加动叶角度至所需要的工况；
- 风机不得在喘振状态下运行。

（3）停机步骤

- 风机停运应考虑风机联锁的动作范围，并应将机组的负荷减小；
- 关闭风机出口挡板；
- 停止风机。

凡遇到下列情况之一，必须紧急停车：

- 风机发出异常严重的声响；
- 风机突然发生异常剧烈振动；

- 电流超过额定值持续上升不降；
- 电机轴承温度急剧上升。

3.3.5.3 维护

为了避免由于维护保养不当而引起人为故障事故发生，预防风机和电机各方面自然故障的发生，从而充分发挥设备的效能、延长设备的使用寿命，必须加强风机的维护保养。

（1）日常维护

- 只有在风机设备完全正常的情况下方可运转；
- 定期检查风机是否运行在工况范围内；
- 严格执行设备润滑管理制度，定期为电机轴承更换润滑脂，一般为三个月加注或更换一次，也可按实际情况随时更换润滑脂；润滑脂质量不良，易造成电机轴承温升过高；
- 保持设备及环境卫生，定期清扫表面附着物；
- 风机设备在维护后开动时，需注意风机各部件是否正常；
- 运行中发现异常声响应立即停车检查处理；
- 每年应停机检修保养一次，注意：拆卸叶片后应做好标记，以便复装时按原位装配，以免破坏叶轮的动平衡质量而引起振动；
- 风机长期停用一年以上后需再使用时，应检查电机是否有受潮、浸水等情况，如是，则应将电机送到电机生产厂予以烘干，电机轴承应按电机厂的相关要求清洗和更换润滑油脂；
- 为确保人身安全，风机的检修维护必须在停机时进行。

（2）定期巡检

每月对润滑进行一次分析，检查油的黏度、水分、杂质等是否符合要求。

每月对机体，轴承振动情况作一次监测，振幅不大于0.20mm。

每6个月进行一次小修，检修内容包括：

- 检查、紧固地脚螺栓；
- 检查紧固叶片组的背帽和各紧固螺栓是否松动，叶片角度是否变动；
- 检查或更换润滑油，并清扫叶片积土和污垢；
- 检查联轴器找正情况，更换橡胶圈。

每12～18个月进行一次大修，检修内容包括：

- 包括小修项目；
- 拆卸叶片、轮毂，检查有无腐蚀、变形和裂纹等缺陷；对铆接叶片，检查铆钉有无松动、断裂现象，校正叶片角度；必要时对组装后的叶片组做静平衡试验；
- 拆开减速机检查齿轮、蜗轮、蜗杆、油泵、轴承、减速机体等零部件的磨损情况，修理或更换损坏的零部件；

- 检查修理传动轴联轴器并找正；

- 检查、修补机座和基础，检查或更换地脚螺栓，校验机体水平度；

- 进行防腐及防潮处理；

- 电机检查、修理、加油。

3.3.6 混流风机

3.3.6.1 概述

混流风机是介于轴流风机以及离心风机这两种风机当中的一种风机，这种风机在运作的时候，叶轮让空气既做离心运动又做轴向运动，壳内空气的运动混合了轴流与离心两种运动形式，所以叫"混流"风机。

3.3.6.2 调适

- 风机起动前，首先要检查风机管道内有无妨碍转动的物品；

- 检查电机绝缘性能是否良好，接通电源后查看有无磨擦碰撞及异常振动。

3.3.6.3 运行

正常运行中，如遇下列情况应立即停机检查：

- 电机温升超过70℃；

- 电机冒白烟；

- 发生强烈振动或有较大的磁幢声。

3.3.7 通风风道

3.3.7.1 一般规定

- 设备、阀门和管道表面应整洁、无锈蚀，无跑、冒、滴、漏、堵现象，绝热外表面不应结露、腐蚀或虫蛀；

- 风管内外表面应光滑平整，非金属风管不得出现龟裂和粉化现象；

- 定期检验、标定和维护各种计量检测仪表；

- 自控设备和控制系统应定期检查、维护和检修，定期校验传感器和控制设备，按工况变化调整参数；

- 测量和检测传感器的位置，应符合设计规范的要求，并在实践中加以调整和维护；

- 主要设备和风管的检查孔、检修孔和测量孔，不应取消。

3.3.7.2 卫生要求

- 控制新风量，使CO_2浓度不大于0.10%；

- 注意新风口的环境卫生；

- 定期检查房间空气质量；

- 初次运行以及长期停运后再次运行前需要进行检查、清洗；

- 房间内封口需要定期清洁；

- 空调设备的凝结水部位不应存在积水、漏水和有害菌群滋生的现象；

- 注意冷却塔的清洁；

- 保持风道及风管的清洁；

- 避免卫生间及厨房异味外溢。

3.3.7.3 通风系统清洗

当出现下面任何一种情况时，均应对通风系统实施清洗：

（1）通风系统存在污染

- 系统中各种污染物或碎屑已积累到可以明显看到的程度；

- 经过检测报告证实送风中有明显微生物，微生物检查的采样方法应按照GB/T 182041的有关规定进行；

- 通风系统有可见尘粒进入室内，或经过检测污染物超过GB/T 17905所规定要求。

（2）系统的性能下降

换热器盘管、制冷盘管、气流装置、过滤装置以及空气处理机组已确认有限制、堵塞、污物沉积而严重影响通风系统的性能。

（3）对室内空气质量有特殊要求

人群受到伤害，如证实疾病发生率明显增高、免疫系统受损的居民建筑，特殊环境，有敏感建材或重要处理过程的建筑。

3.3.8 VRV 系统

3.3.8.1 概述

VRV 系统由室外机、室内机和冷媒配管三部分组成。一台室外机通过冷媒配管连接到多台室内机，根据室内机电脑板反馈的信号，控制其向室内机输送的制冷剂流量和状态，从而实现不同空间的冷热输出要求。

其工作原理是：由控制系统采集室内舒适性参数、室外环境参数和表征制冷系统运行状况的状态参数，根据系统运行优化准则和人体舒适性准则，通过变频等手段调节压缩机输气量，并控制空调系统的风扇、电子膨胀阀等一切可控部件，保证室内环境的舒适性，并使空调系统稳定工作在最佳工作状态。

VRV空调系统具有明显的节能、舒适效果，该系统依据室内负荷，在不同转速下连续运行，减少了因压缩机频繁启停造成的能量损失；采用压缩机低频启动，降低了启动电流，电气设备将大大节能，同时避免了对其他用电设备和电网的冲击；具有能调节容量的特性，改善了室内的舒适性。

3.3.8.2 运行

（1）开机前操作

- 清除室外机组周围和盘管、风机出风口的杂物；

- 检查室外机连接管的截止阀是否全部打开；

- 检查室内、外机的电源是否全部送到位，电压是否正常，室外机电压值380V±10%，室内机电压值220V±10%，机组有可靠的接地线；

- 检查室外电脑板信号灯是否闪亮，闪亮表示传送信号正常（绿灯），对于VRV 一代，室外机故障灯（白灯）熄灭，室内机遥控器无故障代码；

- 室外机必须预热12 小时以上（送电即预热），室内机必须送电30 分钟后，才允许开遥控器开机；

- 开机前，确认每一套系统的主控器由专人操作，主遥控器根据季节选择运行模式，不要随意改变运行模式，影响他人使用空调。

（2）开机操作

- 客户根据所需先设定空调温度、风量、自动等模式后按遥控器开关按钮，红灯点亮为正常（室内机送风制冷、制热时需在开机后等待5～10 分钟才能送风，属正常现象）；

- 按开关后，若发现运转红灯闪亮，遥控器液晶屏显示出现闪烁，即故障报警，请客户认真记录代码，并通知物业维修人员维修。

（3）停机操作

再次按一下开关键，则运转红灯熄灭，完成关机操作。

（4）注意事项

- 切勿随意关闭电源，室内、外机要保证正常送电，空调正常使用；

- 如遇临时停电，则应先将所有内机关闭，再停电；来电后，室内、外机要同时送电20 分钟以后，方可开机，否则会出现故障代码，机组不能正常工作；

- 切勿随意在室外机电气箱内搭接临时电线，以免损坏电气控制板；

- 在开机中，室内主要空气在冬、夏季节内请不要随意改变运转模式，以免影响别人使用空调；

- 建议制冷设定温度 25℃为宜，制热28℃为宜。

（5）VRV 系统遥控器使用

- 绝对不要触摸遥控器内部器件，避免可能引起的遥控器损坏；不要拆开或拨动内部开关，如需做内部检查或调节，可与物业或空调特约维修商联系；

- 不要将遥控器放在可能与水接触、潮湿、有信号干扰的地方，遥控器进水后会引起漏电或损坏内部电路；信号干扰会引起遥控器失控、失真的后果；

- 不能用尖锐的物体来按压遥控器，避免引起设备损坏；

- 不要将遥控器直接晒于阳光之下，避免液晶显示屏曝晒阳光下而褪色；

- 不能用苯、稀释剂等抹擦遥控器的控制板，因其会使遥控器褪色或引起外表面脱皮；需要清洁时，可用软布浸在稀释的中型洗涤剂中拧干后抹擦，之后再用干布擦干即可。

（6）VRV 系统日常维护

- 每月一次对室内机过滤网进行清洗；

- 每半年一次对机组进行大保养，包括外机热交换器翅片的清洗，电气控制箱内各部件及P板的清洁、除尘，接插件、接触器、端子板的螺钉紧固检查等；

- 对室外机系统各个管路连接焊接、纳子、毛细管、热交换器、储气罐、截止阀、工艺口等进行检漏。

3.3.9 故障诊断

故障诊断详见7.6章节。

4 给水排水系统

4.1 概述

4.1.1 给水系统

给水系统根据供水方式分：水池—水泵—高位水箱（或分区水箱）给水系统、水池—变频泵加压给水系统、叠压供水系统。

4.1.1.1 水池—水泵—高位水箱（或分区水箱）给水系统

水池—水泵—水箱供水系统，利用水泵将低位水池中的水提升至高位水箱（或分区水箱），采用高位水箱（或分区水箱）贮存调节水量并向用户供水。如该高位水箱（或分区水箱）供水至多个楼层，对于供水压力超过规范允许值的楼层可采用减压阀进行分区供水或设支管减压阀供水。

加压水泵通常一用一备，水泵的最大出水量不应小于最大小时用水量。水泵自动切换交替运行。

系统控制原理：水池—水泵—水箱供水系统通常由水箱高低水位控制加压水泵启停，在高位水箱（或分区水箱）内设置水位继电器，当水箱内水位低于设定的低水位时开泵，水箱水位高于最高设计水位时停泵。同时，水池、水箱均应设置超高、超低报警水位。水池超低水位时，水箱加压水泵应强制停泵。如该高位水箱（或分区水箱）供水至多个楼层，对于供水压力超过规范允许值的楼层可采用减压阀进行分区供水或设支管减压阀供水。

4.1.1.2 水池—变频泵加压给水系统

变频泵加压供水系统是采用恒压变流量控制方式，通过调速泵组运行供水的系统。当变频泵供水系统供水至多个楼层，在供水压力超过规范允许值的楼层可采用减压阀进行分区供水或设支管减压阀供水。

变频泵组的供水能力应满足系统设计秒流量。泵组应设备用泵，其供水能力不小于最大一台工作泵的供水能力。泵组宜配设气压罐。供水压力要求稳定的场合，泵组工作泵不少于两台，配设变频器的水泵不少于两台。

系统控制原理：变频泵加压供水系统通过压力传感器采集系统压力，根据系统设定压力值与管网实际压力的偏差信号，控制变频器输出的电源频率，改变水泵转速，调整管网压力趋近设定压力以保证用户末端压力的恒定，从而使水泵根据用水量自动调节供水量。

供变频泵取水的水池（水箱）应设置超高、超低报警水位。超低水位时，变频泵组应强制停泵。

4.1.1.3 叠压供水系统

叠压供水系统是利用室外给水管网余压直接抽水再增压的二次供水方式。

系统控制原理：当无负压管网叠压供水设备投入使用时，自来水管网的水进入稳流调节罐，罐内空气通过真空消除器自动排除，待水充满后，真空消除器自动关闭。当自来水管网压力能够满足用水要求时，系统由旁通止回阀向用水管网直接供水，水泵不工作，充分利用了自来水管网原有压力。

当用水管网用水量不断增加，自来水管网压力不能满足用水要求时，系统压力信号由远传压力表反馈给变频控制器，水泵开始运行，并且根据用水量的大小自动调节转速恒压供水。

水泵供水时，若水泵流量小于自来水给水管网的流量，则系统保持正常供水；用水高峰时，若水泵流量大于自来水给水管网的流量，稳流调节罐内的水作为补充水源仍能保持一定时段的正常供水，此时空气经真空消除器进入罐内，破坏了罐内的真空形成，确保自来水给水管网不产生负压；用水高峰过后，系统又恢复正常供水状态；当自来水管网停水时，稳流调节罐内的水位不断下降，液位探测器信号反馈给变频控制器，水泵自动停机，以保护水泵机组；夜间小流量用水且自来水给水管网压力不能满足要求时，蓄能罐可以释放其贮存能量，避免了水泵的频繁启动。蓄能罐根据自来水给水管网的压力稳定情况配置。

4.1.2 热水系统

室内热水供应系统按照其供应范围大小分为集中和局部供应系统。

4.1.2.1 集中热水供应系统

在锅炉房（热交换站或加热间）设置水加热装置将水集中加热后，通过热水管网输送到整栋或几栋建筑的热水系统称为集中热水供应系统。例如医院、集体宿舍、宾馆及饭店等场合常采用集中热水供应系统。为保证配水点热水供水温度，系统应设置热水循环系统。

集中热水供应系统的分区应与给水系统的分区一致。闭式热水供应系统的各区水加热器、贮热水罐的进水均应由同区的给水系统专管供应；由热水箱和热水供水泵联合供水的热水供应系统的供水泵扬程应与相应供水范围的给水泵压力协调，保证系统冷热水压力平衡；当以上条件不能满足时，应采取保证系统冷、热水压力平衡的措施。

系统控制原理：在水加热设备上装设自动温度调节装置，根据水加热器的水温，自动调节热媒管上温控阀的开启度来调节热媒供应量，控制水加热器的热水出水温度，并设置热水循环系统来保证配水点的热水供水温度。

自动调温装置有直接式和电动式两种类型。直接式自动调温装置由温包、感温元件和自动调节阀组成。温度调节阀必须垂直安装，温包内装有低沸点液体，插装在水加热器出口的附近，感受热水温度的变化，产生压力升降，并通过毛细导管传至调节阀，通过改变阀门开启度来调节进入加热器的热媒流量，起到自动调温的作用。电动式自动调温装置由温包、电触点压力式温度计、电动调节阀和电气控制装置组成。温包插装在水加热器出口的附近，感受热水温度的变化，产生压力升降，并传导到电触点压力式温度计。电触点压力式温度计内装有所需温度控制范围内的上下两个触点，例如60～70℃。当加热器的出水温度过高，压力表指针与70℃触点接通，电动调节阀门关小。当水温降低，压力表指针与60℃触点接通，电动调节阀门开大。如果水温在规定范围内，压力表指针处于上下触点之间，电动调节阀门停止动作。

热水循环泵根据热水回水温度控制启停。

对定时集中热水供应系统，应采用定时供应、定时循环的控制方式。

集中热水供应系统中常用的水加热器有导流型容积式水加热器、半容积式水加热器和半即热式水加热器。导流型容积式水加热器是内部设有热媒导管的热水贮存容器，具有加热冷水和贮备热水两种功能，热媒为蒸汽或热水；半容积式水加热器是带有适量贮存与调节容积的内藏式容积式水加热器；半即热式水加热器是带有超前控制、具有少量贮存容积的快速式水加热器。

4.1.2.2　局部供应系统

局部热水供应系统的加热设备，如厨房炉灶、热水炉、煤气加热器、小型电加热器及小型太阳能热水器等，一般设置在卫生器具的附近或单个房间内，冷水被加热后，只供给单位或几个配水点使用。

4.1.3　冷却循环水系统

循环冷却水系统是指冷却水通过换热器交换热量或直接接触换热方式来交换介质热量并经冷却塔冷却后，循环使用，以节约水资源。

系统控制原理：循环冷却水系统中冷却塔、循环冷却水泵的选型与冷冻主机、冷冻泵的选型是相对应的，根据暖通专业的提资，确定冷却塔及循环冷却水泵的选型。采用电动阀控制水流，不得让水流经过已停机部分的管道，而影响处理效率。开机的顺序是：冷却水泵、电动阀、冷却塔、冷冻主机，停机的顺序则相反，且冷冻机停机要提前半小时。30kW 以上冷却水泵应采用软启动，多台并联，最好用变频控制，根据外界环境气候设定调节水泵功率，节能效果更好。

4.1.4　排水系统

排水系统是指建筑或小区内用来排除污水、废水、雨水的系统。可分为室内排水系统和室外排水系统。

4.1.4.1　室内排水系统

室内排水系统是将建筑的污废水通过室内排水管道排到室外排水管网中。

由于处理和卫生条件的需要，生活排放水分污水和废水。污水是指排除大便器（槽）、小便器（槽）以及与此相似卫生设备产生的污水。废水是指排除洗脸、洗澡、洗衣和厨房产生的废水。需要指出的是，生活废水经过处理后，可作为杂用水，用来冲洗厕所、浇洒绿地和道路、冲洗汽车等。

4.1.4.2 室外排水系统

室外雨污水分流：是指将雨水和污水分开，各用一条管道输送，进行排放或后续处理的排污方式。

4.2 运行

4.2.1 给水系统

4.2.1.1 水泵

水泵启动前的检查。为了保证水泵的安全运行，在水泵启动前必须对机组作全面仔细的检查，以便发现问题及时处理。检查的主要内容如下：

- 检查水泵各处螺栓是否连接完好，有无松动或脱落现象；
- 用手转动联轴器，检查叶轮旋转是否灵活，泵内是否有不正常的响声和异物；
- 检查电动机的转动方向是否与水泵的转向一致；
- 检查轴承润滑情况，润滑油应充足和干净，油量应在规定位置；
- 清除水泵进水池的杂物和堵塞物，检查进水池水位是否关闭；
- 检查水泵进水管上阀门是否开启，出水管阀门是否关闭；
- 检查管道及压力、真空表、闸阀等管路附件安装是否合理；
- 检查完毕，则可打开水泵排气针阀排气；当排气阀中有水涌出时，表示进水管和泵内已充满水，可以启动水泵投入运行。

水泵运行中的注意事项：

- 注意水泵机组有无不正常的响声和振动；
- 检查各种仪表工作是否正常、稳定；
- 检查机组有无超温现象。一般滑动轴承最大容许温度为85℃；滚动轴承最大容许温度为90℃；无温度计时，以手触轴承座，感到烫手不能停留，说明温度过高，应马上停机检查；
- 观察压力表和真空表读数。若压力表读数剧烈变化或下降，则可能是因为吸入侧有堵塞或吸入了空气；压力表读数上升，可能是出水管口被堵塞；真空表读数上升，可能是进水管口被堵塞或水源水位下降；
- 停泵时的注意事项，在正常运行中因为停电等原因停车时，首先应断开电源，随后关闭出口阀。

4.2.1.2 紫外线消毒器

紫外线消毒器运行过程中需注意以下事项：

- 严禁用肉眼直视裸露的紫外灯光线，以防眼睛受紫外光伤害；
- 设备灯源模块和控制柜必须严格接地，严防触电事故；

- 通电前一定要通水并盖好工程盖板，严禁带电打开；

- 所有操作维护都必须先戴上防紫外光眼镜才能进行；

- 非授权电工不得擅自打开系统控制柜；

- 严禁改变设备灯管配置，以免影响消毒效果；

- 严禁未接灯管通电，以免损坏电控系统。

4.2.2 热水系统

4.2.2.1 热水循环泵

（1）开机

- 启动电机；

- 运转应平稳，无异常振动；

- 确保水泵在额定工况下运行。

（2）关机

- 关闭电机；

- 停泵应平稳；

- 确保出口单向止回阀工作正常，以防水锤损伤水泵。

（3）长期停机

- 水泵长时间不运转时，应关闭进口管路的闸阀；

- 若有冰冻的隐患，水泵长时间不运转时，应放空水泵或采取防冻措施。

4.2.2.2 换热器

- 正常使用时，应先缓缓通入被加热一侧流体，并开启循环水泵进行系统循环；被加热一侧系统循环正常后，再缓慢地通入热媒侧流体，切记阀门开启度不可过大；

- 正常停工时，应先缓缓地切断热媒侧流体，再缓缓地切断被加热一侧流体；

- 设备应在设计的工艺条件下工作，严禁超温超压运行。

4.2.2.3 太阳能集热器

太阳集热器是太阳能集热系统最主要的部件。太阳能热水系统长时间不使用时（系统完全关闭），真空管内的水会慢慢全部蒸发，无水空晒时真空管内温度极高，此时上冷水会发生真空管炸管，导致太阳能系统不能使用。

因此应在无太阳光照2小时后上水，或在早上太阳光照之前上水。

同时，也要避免因集热器的水不流动（如白天4小时以上断电、系统故障）而引起的闷晒，处于闷晒条件下的集热器，由于真空管水温度过高，此时上冷水较容易导致真空管炸管，从而导致太阳能系统不能使用。应在无太阳光照2小时后上水，或在早上太阳光照之前上水。

4.2.3 冷却循环水系统

4.2.3.1 冷却循环水泵

（1）启动前检查

- 确认循环水系统联锁保护试验合格；

- 循环水系统阀门检查完毕，确保循环水系统所有放水门均关闭；

- 确认冷却水塔水位正常，循环泵入口吸水水位正常，泵完全充满水；

- 开启凝汽器水侧放空气阀，确保凝汽器循环进、出口阀门全开。

（2）运行

- 通知循环水泵值班员，启动循环水泵，出口蝶阀应联动开启，注意电机电流，出口压力表指示正常，监测泵组振动和内部噪声，确保轴承温度<70℃；

- 注意泵出口门不打开或泵无法向系统排水时的运行时间不得超过2分钟；

- 若另一台循环泵符合备用条件，将其置"备用"位，出口碟阀设为"自动"。

（3）停机

- 待所有辅机停运，方可联系停止循环水泵运行；

- 通知循环泵值班员停止循环水泵运行，检查出口碟阀应联动关闭，泵不倒转。

（4）切换

- 全面检查循环水系统正常，备用泵备用良好，具备启动条件；

- 确认备用泵出口碟阀关闭；

- 检查备用泵碟阀油位油压正常；

- 启动备用循环水泵运行，出口碟阀应联动开启至全开；

- 检查备用泵出口压力、振动、声音、电机电流正常；

- 全面检查正常后，停止原运行泵，确认出口碟阀联动关闭；

- 原运行泵作备用时，将原运行循环泵置"备用"位。

4.2.3.2 冷却塔

（1）冷却塔运行前准备

- 清扫现场，保证塔内、塔上无零星杂物；

- 复验各部件安装位置是否符合安装要求，各紧固件有否松动；

- 检查电动机绝缘电阻，以免电机运转时烧坏；

- 冷却塔运行前必须清理管道内杂质，以免堵塞布水器上出水孔，造成配水不均匀；

- 检查风机叶片处的叶尖与风筒壁间隙，保证叶尖与风筒壁间隙在25±2mm之间，达不到上述要求应予调整。

（2）循环水系统运行

- 逐步打开进水总管闸，通过阀门将水量调至额定值；

- 应观察冷却塔布水器旋转情况，布水器应运转平稳，布水均匀；

- 冷却塔出水应保证畅通；

- 检查冷却塔塔体有否渗漏，如有渗漏应及时密封。

（3）风机系统试运行

- 清扫现场；

- 复验各部件安装位是否符合安装要求，各紧固件连接件有否松动；

- 检查叶片安装角是否正确、一致，各叶片水平位置误差是否在允许范围内；

- 检查叶轮、叶片安装紧固螺栓是否牢固；

- 检查电机绝缘电阻是否达到标准；

- 手工转动风机叶轮，整机运转应轻重均匀；

- 点动电机，检查叶片旋转方向是否正确；

- 连续运转1小时，测定并记录电机电流值、电压值、振动值，检查减速机是否有不正常响声等其他异常现象；

- 观察塔体振动状况；

- 连续运行4小时停机后，复验各部件的位置有否走动；检查各连接件，紧固件有否松动；检查各密封部件是否漏油；检查电机、减速机温度是否符合要求。

（4）水、汽联合试运行步骤

- 先开启风机，待风机运行正常后，打开进水阀门，并逐步将水量加大到额定设计值；

- 继续检测风机振动、油温等；

- 继续检测布水情况；

- 检查收水器使用效果，漂水损失应控制在总循环水量的0.5%以下；

- 连续运行72小时后，再次停车对塔体、风机等作全面检查，确认无异常后，即可进入正常运转；

- 冷却塔投入正常运行后，为保证它始终处于最佳工作状态，能长期有效地工作，必须认真阅读冷却塔使用维护注意事项，重视各项检测工作，严格执行巡回检查制度，认真做好记录。

4.3 维护

4.3.1 给水系统

4.3.1.1 给水机房

- 给水机房是提供住户生活用水的重要设备，应管理好机房，做好服务，明确职责；

- 机房全部机电设备由机电人员负责监控，定期保养、维修、清洁，定期做记录；

- 机房内机电设备的操作由机电人员负责，其他人员不得操作，无关人员不得进入机房；

- 泵房在正常情况下，选择开关置于自动位置，所有操作标志简单、明确；

- 机房定期打扫卫生，机房管道定期清洗。

4.3.1.2 设备

（1）水泵

日常保养：为了使水泵经常处于良好状态下运行，必须对其定期进行维护。

对新泵机说，一般正常运行100h后，应更换机油，以后每工作500h换一次机油。

采用固体润滑脂的水泵，应1500h换一次。发现有问题的零部件应及时更换，特别要利用水泵不运行期间及时检查保养或更新。对管道系统及各附件阀门应经常除锈上油，使它们保持良好状态，以备随时启用。

（2）气压罐

气压罐是 I 类压力容器，出厂前已经过严格检验，其质量可靠，平时不需要特别维护。但由于气压罐工作条件潮湿，表面经常附水，应两年清洗一次表面，去掉浮皮，并刷一遍酚醛磁漆。罐体内若有沉积水垢和腐蚀现象，也应同时清理。其方法是：先停止运行，拧开罐体底部的接管，将水放净，再卸下入孔盖，测试气压罐内压力，如果压力低于泵组设定压力的70%，需要给气压罐充气。充气时，主要压力值变化，到水泵设定压力70%时停止充气，应避免气压过大，撑破气压罐内皮囊。

（3）紫外消毒器

每周检查一次灯管是否工作正常及是否超过使用寿命。

石英玻璃管表面会随时间的推移而受到水体杂质污染，形成表面污垢，影响紫外线透光率从而影响消毒灭菌效果，每半年必须清洗一次。

注意设备的防潮、防晒、防压。

（4）水箱

水箱每半年清洗、消毒一次，清洗后取水样检查色度、浊度，有无异味、沉淀，测试其pH值，并做好清洗记录，如不合格应重新按规程清洗。

清洗和工作程序：

- 所有清洗物品及人员装备均需事先消毒；

- 清除水池（箱）内淤泥，杂物和锈块等；

- 清淤后投药消毒30分钟；

- 放水冲洗2~3遍以清除异味；

- 重新灌水并恢复正常供水；

■ 水箱应定期进行防腐、除锈工作。

4.3.2 热水系统

4.3.2.1 热水循环泵

（1）日检

■ 应每日检查水泵的运行状况；

■ 水泵运行中出现的任何异常现象应立即汇报；

■ 水泵运行中的声音出现异常应立即进行检查；

■ 应每日检查压力表和流量计的状况，定时记录仪表读数并进行核对是否正常。

（2）半年检查

■ 应每半年检查一次轴转动是否自由，发现异常应立即检查泵与电机的轴对中情况；

■ 应每半年检查一次轴承的润滑脂是否充足、有效、未变质。

（3）年检

■ 轴承应每年进行一次拆卸清洗，并检查是否存在缺陷；

■ 轴承座应每年进行一次清洁；

■ 检查完毕后，应立即给轴承涂上油或润滑脂；

■ 轴套应每年检查一次磨损状况；

■ 应每年检查一次泵与电机的轴对中情况；

■ 应每年对防水孔、密封冷却水管和其他水管进行一次冲洗检查；

■ 应每年对测量仪器仪表进行一次重新校准。

4.3.2.2 换热器

■ 换热器在开始和停止工作的时候，应该先慢慢地增加温度或降低温度，避免造成压差较大或热冲击情况，与此同时，还应该遵守停止工作时"先热后冷"的标准，也就是先排出热流体，再排出冷流体；开始工作时为"先冷后热"；

■ 加热水的总硬度超过300mg/L(以$CaCO_3$计）时，需要采用合适的软化水质或者防止污垢堆积的办法；

■ 需要按照周期清洁换热盘管外壁上的水垢；

■ 设备操作人员，需要严格遵守操作规范，且定期对换热设备进行巡回检查，检查基础支座稳固及设备泄漏等；

■ 换热器维修或者不用时，应排净换热器里面的积水。

4.3.2.3 太阳能集热器

■ 太阳能集热器运行管理的要点是避免集热器的空晒运行，特别是真空管型集热器，同时，也要避免因集热介质不流动而引起的闷晒；

■ 采用全玻璃或热管真空管型集热器时，冻结一般发生在系统管道，故也要重视防冻问题，特别是在严寒地区；采用防冻液为传热介质的系统，要在每年冬季到来前检查防冻液的成分是否发生变化，从而判断是否影响防冻效果以便及时更换防冻液；对于采用水作为传热介质的系统，可以采用排空、回流、循环、伴热带等方法来防冻；

■ 集热器运行期间不能有硬物冲击，多冰雹的地区更要注意天气的变化和天气预报，及时加以保护；真空管内水温较高，容易形成水垢，需要定期除垢。

4.3.2.4 贮水箱

■ 定期检查贮水箱的密封性和保温层，如果发现密封性遭到破坏，应及时修补；

■ 定期检查贮水箱的补水阀、安全阀、液位控制器和排气装置工作是否正常，防止空气进入系统；

■ 定期检查是否有异物进入贮水箱，防止循环管道被堵塞；

■ 定期清除贮水箱内的水垢；有些地区水质硬，易结水垢，长时间使用后会影响水质和系统运行，可根据具体情况，每半年至一年清理一次。

5 照明与电气

5.1 供配电系统

5.1.1 低压主干配电装置

5.1.1.1 概述

系统上接变压器出线，下接配电线路，主要由低压成套配电装置及单体配电间分配电装置组成。装置主要对配电线路实施控制及保护，具有隔离、接通、开断、过负荷保护、短路保护等多种功能。

5.1.1.2 调适

（1）检查

产品正式使用前应进行适当的检查，如下：

- 检查装置内是否干燥、清洁；
- 所有电器组件和其他材料应无损伤；
- 电器组件及其他机械可动部分的操作机构应牢固平稳，不应有卡滞或操作力过大现象；
- 导线连接应良好，绝缘支持件、安装件、附件应牢固、可靠；
- 可调开关和继电器应按所需的规格和要求进行准确的整定；
- 检查外接点是否与图纸一致；
- 用不小于500V DC绝缘表测量电路对地绝缘电阻不得低于1MΩ。

（2）接通

单台变压器投入运行：

- 按合闸按钮合Ⅰ段（或Ⅱ段）电源低压断路器（开关），若"自动"失灵，用手动储能扳手储能，再按合闸按钮合闸；
- 将联络柜面板上的选择旋钮旋到Ⅰ或Ⅱ位，联络开关储能（如"自动"失灵，则手动储能），按合闸按钮合闸；
- 分别将馈电柜负荷开关置于垂直位，对用户送电。

两台变压器投入运行：

- 联络柜面板上的选择旋钮旋到中间位；
- 按合闸按钮合Ⅰ段电源低压断路器（开关），若"自动"失灵，用手动储能扳手储能，再按合闸按钮合闸；
- 按合闸按钮合Ⅱ段电源低压断路器（开关），若"自动"失灵，用手动储能扳手储能，再按合闸按钮合闸；

■ 分别将馈电柜负荷开关置于垂直位对用户送电。

开断：

■ 分别将馈电柜负荷开关置于平行位，切断用户负荷；

■ 按分闸按钮断开电源低压断路器（开关）。

5.1.1.3 要求

（1）产品的维修信道及柜门必须是经考核合格或获准的专业人员方可进入或开启进行操作、检查和维修；

（2）各元器件的操作使用应遵循其本身的说明书进行操作；

（3）根据产品实际情况，可随时提供以下资料并请操作人员仔细阅读：

■ 针对本工程开关柜的设备商提供的《操作手册》；

■ 漏电、过载保护继电器的设定方法及操作。

5.1.1.4 维护

应由专业人员进行。

（1）维护类别

分为：日常巡检和定期检查、维护。

日常巡检：外观每班一次，开柜观察每周一次。

定期检查：通电使用状态，且为一般环境，每年一次。

（2）定期检查维修的周期要考虑的因素

设备的重要性：对于重要的配电装置，必须严格按计划检修。

环境条件：如含盐、高温、二氧化硫等气体的地方，检修周期可定为半年或更短时间。

工作条件：要考虑装置的操作频率及负载类别，对于工作频繁操作，必须加强定期检查。

（3）日常维护：

■ 外观有无损坏、变色、凝露、浸水、异味外漏；

■ 指示器及状态有无异常；

■ 温度有无异常，包括导体、绝缘被覆的温度等；

■ 导体和结构零件有无异常的振动和噪声；

■ 有无焦味等。

（4）定期维护：

■ 清除尘埃和污物（特别是绝缘体、导体）；

■ 绝缘水平测定；

■ 导体联结处是否松动，接触点是否磨损需要更换；

■ 接触器等组件的检查及判别易损件更换与否；

- 保护继电器特性的测定；

- 其他易损件的更换。

（5）重点及特殊维护

在装置正式投入使用后需要着重进行下述项目的检查：

- 各开关电器不允许出现异常的冒火花或冒烟现象；

- 各电器组件或导线连接位置不应有异常发热及严重变色现象；

- 空气断路器经过多次合分后，会使主触头局部烧伤和产生碳类物质，使接触电阻增大，应定期对空气断路器按其使用说明书进行维护和检修；

- 每次雷雨天气后应检查电涌保护器是否遭受过电压而损坏；

- 用不小于500V DC 绝缘表随机测量电路对地绝缘电阻不得低于1MΩ。

（6）定期检查的试验和使用运行

成套电气设备在检查和维修过程中，有时需要换一些已损坏的低压器组件或线路及其附件等。在此种情况下，成套电气设备必须进行通电试验，然后方可正式投入运行。除线路特别简单者外，通电试验一般应按先控制电路再主电路，先空载再负载的程序进行。对控制电路进行通电试验是检查电控、配电设备接线是否正确的一种基本方法。试验时，主电路不送电，只将控制电源接通，然后按实际工作时的操作程序，顺序接通相应的按钮或其他主令电器，每操作一次都需检查各相应电器组件是否按规定程序动作（如相应的信号灯是否燃亮，接触器是否闭合或分开，动作顺序和延时情况是否符合要求，以及有无其他异常情况等）。

必要时可以人为仿真故障信号进行检查。如推动接触器铁芯以检查联锁是否有效，模拟限位开关的动作以检查保护是否可靠，按动急停按钮或接通分励脱扣器线圈电源以检查紧急停车和故障分断功能等。在进行几次（一般为5次）这样的通电试验后，如各电器组件均动作正常，无异常情况，则证明控制部分接线正确，可以进行空载试验。

在主电路送电前，应再次确认主电路接线和导体选择的正确性，并检查短路和过载保护电器是否符合要求。经空载试验，确认输出正常后，方可以进行负载试运行和正式运行。

定期检查和维护记录：检修作业表每次定期检修应填写检修作业表，内容包括成套设备装置名称，安装的主要组件的品种和规格，控制场所和设备名称、外观有无异常状况，安装地点、清扫情况、检修史料、绝缘方面的情况，温升情况，检修人等。执行检修作业表既贯彻了定期检查的计划性，又使重要项目和部位得以检修而避免遗漏，也能作为记录便于追溯。

5.1.2　分配电装置

5.1.2.1　概述

系统上接建筑物主干配电装置出线，下接用电设备，主要由电力配电箱、照明配电箱、自动转换配电箱及设备控制柜（箱）等配电控制装置组成。装置主要对设备实施控制及保护，具有隔离、接通、开断、过负荷保护、短路保护等多种功能。

5.1.2.2　调适

（1）双电源自动转换开关

双电源的手动/自动按钮是用来转换手动状态和自动工作状态的，它是位于控制器面板中间稍下的红色长方形拨盘。在正常使用情况下，拨盘在自动状态（拨盘按钮处于左边位置）。需要手动操作时，应把拨盘按钮设置在手动状态（拨盘按钮处于右边位置）。双电源的按钮是在调适时模拟常用电源故障而进行自检的一个红色功能按钮。它处在压下的位置时，表示常用电源处于正常状态，开关投向常用电源侧；它处于弹起的位置时，表示常用电源处于不正常状态，开关投向备用电源侧。注：双电源处于正常工作状态时其手动/自动按钮及试验按钮都处于被压下的位置。

在使用或调适双电源需要进行手动操作时，需按如下过程来正确完成手动操作：

- 将双电源的手动/自动按钮设置为手动状态；
- 将手动操作手柄向您所需要的方向（按所指示的N合、R合方向）旋转到位（GQ1-65/100/225可听到断路器合分闸的声音且能看到绿色的OFF或红色的ON 标志，GQ1-400/630/800可直接观察到断路器动作）；
- 旋转手柄完成手动合分的操作后，手柄反方向再转动75°左右，使得手动操作后电机与机构咬合，否则电机将会空转不能带动机构分合闸；
- 将双电源的手动/自动按钮设置为自动状态，进入正常自动工作状态。

CB级的双电源由于负载短路、过载或人为按紧急停电按钮，造成断路器脱扣，这时需要手动使断路器再扣。步骤如下：

- 将双电源的手动/自动按钮设置为手动状态；
- 检查负载电路，排除负载电路故障；
- 手动操作机构使脱扣的断路器处于分闸状态，并继续向另一侧电源旋转30°左右；
- 对于CQ1-100/225请按指示方向用力扳动再扣扳手，直到扳不动为止；对于GQ1-400/630/800，请将断路器手柄用力向分闸方向扳动，直到挂上扣为止（GQ1-65 自动再扣）；
- 将双电源的手动/自动按钮设置为自动状态，进入正常自动工作状态。

注意：断路器脱扣后进行手动未完成再扣操作时，手动/自动按钮不能处于自动状态，否则可能造成电机损坏。

（2）配电开关

- 所有配电箱均应标明其名称、用途，并作出分路标记；
- 所有配电箱门应配锁，配电箱和开关箱应由持证的电工负责使用管理；
- 所有配电箱、开关箱应每月进行检查和维修一次，检查、维修人员必须是专业电工；检查维修时必须按规定穿戴绝缘鞋、手套，必须使用电工绝缘工具；

- 对配电箱、开关箱进行检查、维修时，必须将其前一级相应的电源开头分闸断电，并悬挂停电标志牌，严禁带电工作；

- 所有配电箱、开关箱在使用过程中必须按照下述操作顺序

  送电操作顺序为：总配电箱—分配电箱—开关箱；

  停电操作顺序为：开关箱—分配电箱—总配电箱（出现电气故障的紧急情况除外）；

- 熔断器的熔体更换时，严禁用不符合原规格的熔体或铁丝、铜丝、铁钉等金属体代替使用。

5.1.2.3 要求

（1）产品的维修信道及柜门必须是经考核合格或获准的专业人员方可进入或开启进行操作、检查和维修。

（2）各元器件的操作使用应遵循其本身的说明书进行操作。

（3）根据产品实际情况，可随时提供以下资料并请操作人员仔细阅读：

- 针对本工程的开关柜的设备商提供的《操作手册》；

- 漏电、过载保护继电器的设定方法及操作。

5.1.2.4 维护

应由专业人员进行。

同低压主干配电装置。

5.2 照明系统

5.2.1 概述

照明是利用各种光源照亮工作和生活场所或个别物体的措施。照明的首要目的是创造良好的可见度和舒适愉快的环境。建筑照明是对各种建筑环境的照度、色温进行的专业设计。它不仅要满足"亮度"上的要求，还要起到烘托环境、气氛的作用。照明方式可分为：一般照明、分区照明、局部照明和混合照明。建筑照明主要采用电光源照明和利用日光照明。

5.2.2 LED 灯具

LED灯具是指以LED作为发光器件的照明灯具，与高压钠灯、金卤灯为光源的传统灯具相比,具有节能、环保、长寿命等优点。

（1）外观结构

- 外观要求：涂漆色泽均匀，无气孔、无裂缝、无杂质；涂层必须紧紧地粘附在基础材料上；LED 灯具各部件机壳表面应光洁、平整，不应有划伤、裂缝、变形等缺陷；

- 尺寸要求：外形尺寸应符合图纸要求；

- 材料要求：灯具各部件的使用材料及其结构设计应符合图纸要求；

- 装配要求：灯具表面各紧固螺钉应拧紧，边缘应无毛刺和锐边，各连接应牢固无松动，必要时灯具各紧固、连接和密封要求应符合GB 7000.1-2002第4.12节。

（2）环境条件

- 产品在温度-25～40℃范围内能可靠地工作；

- 产品在温度-40～85℃范围内能可靠存储；

- 产品在相对湿度≤95%R.H.能可靠的工作；

- 产品间歇暴露在振动条件下不会危害到产品的正常工作；

- 产品在搬运期间遭受的自由跌落不会危害到产品的正常工作；

- 产品在大气压为86～106kPa范围内能可靠工作。

（3）工作电源

- 额定电压，170～260V；

- 额定频率，50/60Hz。

（4）性能要求

- LED灯具需有良好的散热系统，保证LED 灯具在正常环境下工作时，铝基电路板温度不得超过65℃；

- LED灯具应具有过温保护功能；

- LED灯具应具有控制电路异常保护，LED灯具必须设置有3C或UL 或VDE认证的熔断装置，以作为电路异常时过流保护；

- LED灯具应具有抗LED异常工作能力，即LED灯具中，每个LED串联组由独立的恒流源电路驱动，该恒流电路应保证有LED击穿短路异常情况下能安全运行，并且电流稳定；

- LED灯具应具有防潮、排潮呼吸功能，LED灯具内部电路板须作防潮处理，灯具须有防水透气的呼吸器，保证灯具内部万一受潮后仍能稳压工作，并且靠自身工作产生的热量将水汽排除；

- LED灯具总向下光通量与灯具耗能比≥56Lm/W。

（5）安全要求

LED灯具应符合GB 7000.5的要求，普通照明用LED模组应符合IEC 62031的要求，LED模组用交流或直流供电的电子控制装置应符合IEC 61347-2-13和IEC 62384的要求。

（6）电磁兼容性要求

LED路灯的插入损耗、骚扰电压、辐射电磁骚扰、谐波电流应符合GB 17743和GB 17625.1的要求。

（7）外壳防护等级

灯具防护等级，根据GB 4208—1993外壳防护等级（IP代码）中的要求检测灯具结构是否达到设计要求的防护等级。

（8）LED灯具可靠性

LED灯具的平均无故障工作时间应不小于50000h。

（9）LED灯具光源寿命

LED灯具光源在正常使用条件下的平均寿命应大于50000h。

注：光通量低于初装时的70%视为使用寿命结束。

5.2.3 荧光灯具

- 所有电气控制装置须全部安装在装配组合内。每支荧光灯须配有各自的镇流器；
- 镇流器须符合 GB 15143—94 或IEC 920及IEC 921，其总损耗于热态下，荧光管功率总损耗不可超过以下规定：

  18/20W 6.0

  36/40W 6.0

  58/64W 8.0

- 须配有符合国标（或等同于BSEN 61048及BSEN 61049 或IEC 1048 及IEC 1049）的功率因数校正电容器，以校正每支荧光灯的功率因数，使其在连续照明2小时后不低于0.9滞后。所有的电容器须配有合适的内放电电阻器；
- 所选的控制装置须符合图纸所规定之开关和／或 调光控制的要求；
- 电子镇流器不仅须满足功率因数的要求，还应满足国标有关谐波干扰的规定；
- 控制装置和配线须喷以经批准的非硬化喷漆，以防止潮气侵入；
- 内部连接电缆须为耐热电缆并予以牢固固定，以避免松开后和镇流器接触，如布线通过任何金属部件的边缘时，须用批准的套管加以保护；所有引至终端的电缆须经批准；所有布线必须暗装于照明器内部；
- 灯具需配置接线端子，以便电源线接线方便安全；
- 荧光灯管须符合中国国家规范，第一部分或第二部分以及照明器表的规定。用于可调光系统的荧光灯管须装备预热和启动用的外部点火丝。

5.2.4 节能灯，灯座和筒灯

节能灯和灯座须符合以下有关标准，及如照明器表所示：

- 节能灯应满足国标关于功率因数和谐波干扰的要求，并有配置适当的功率因数补偿电容器；

- 螺丝灯座符合国标（或等同于BSEN 60238 或IEC 238）；

- 所有灯座，灯头符合国标（或等同于BSEN 61184）；

- 顶棚内置的筒灯应配有接线盒，盒内配有接线端子，以便电源线接线方便和安全；仅光罩为可拆卸型，并确保不出现弦光。

5.2.5　低压金卤射灯

低压金卤灯照明器须符合国标有关标准的规定及照明灯具表中所示的要求。

- 用于一般照明的低压金卤射灯须符合国标，其照度曲线、色温、光谱均要满足规定的要求；

- 灯具应符合耐热要求，在特殊条件下，要进行隔热处理；

- 灯具镇流器/变压器应有功率因数补偿和谐波限制措施以满足规定的要求，而不对配电系统构成影响；

- 当灯与镇流器/变压器分离时，其电线应是耐热型的。

5.2.6　高强度放电灯及金卤灯

金卤灯须符合国标有关标准的规定。

- 用于一般泛光照明的金卤灯具须符合国标，其照度水平、光色、照射范围应满足规定的要求及防弦光要求；

- 用于室外或特殊用途的灯具须有良好的防水防护性，符合IP54；

- 镇流器须为电子或电磁式，须具备良好的谐波性能以确保不对电网造成污染；

- 表面温度较高的灯泡需加玻璃或格栅防护；

- 镇流器和启动器须为整体配置，并置于专用的箱体内，须为工厂装型，不可在现场进行组装；

- 灯泡和镇流器及启动器内组件应保证5年能够采购到；

- 在潮湿地方使用，镇流器的噪声在距离声源250mm的地方为20dB；

- 高功率因数：最少在87%以上运行；

- 在±10%的电压变动中运作；

- 合适周围高达40℃下运作；

- 绝缘体：180℃（375℉）。

5.2.7　事故用荧光灯

- 须按规定配备事故用荧光照明器并单独装备附加电池作电源，以便在电源故障时提供照明；

- 此单独的控制装置如适合须单独或联合安装在照明装置内，并须包括以下提及的操作所需的部件和零件；
- 电池须是封闭式镍镉再充电型，并可在电池壁温为60℃时连续运行。电池须有足够容量使在电源发生故障时可提供荧光灯2h的紧急照明。经2h放电后，照明器的流明输出不得低于由主电源供电时输出的50%；
- 充电器须为全自动固态恒压型，装备有电子电路，用以保护电池过充电或过放电。充电系统须能使电池在全部放电后于24h内再充电至满容量；
- 控制电路须适用于主电源上，其设计应使此类照明器和正常传统照明器的操作一样；但当主电源发生故障时，不管接触器或灯开关是在闭合或断开状态须自动开始照明或继续照明；当主电源恢复供电后须使照明器打回由主电源供电并使电池自动再充电；
- 在控制电路中须装电路开关，使能够进行电路测试；须装绿色指示灯以表示"电源供应正常"；
- 对充电和自持回路须单独装备相当容量的熔丝型熔断器连接座。

5.2.8 特制照明灯具

照明器表上所示之特制的照明器除上述规定之要求外，尚须符合下列之要求：

- 照明器之外壳须由厚度不小于1.0mm的优质钢板制成坚固、结实的高质量照明器整体；
- 照明器的所有金属部分须加以经批准的防腐蚀处理，并至少施以两道白色防裂焙漆饰面；
- 所有控制装置，内部线路及回风槽（如有的话）均须暗装于照明器内；
- 照明器设计须能便于今后在照明器的反光罩侧更换荧光管，启动器及其他控制装置；
- 照明器须设计成以可调钢吊杆或其他类似而经批准的方式直接悬挂于顶棚上；
- 指定带栅格的照明器须设计成低亮度性能，在轴向及横向平面均装有双抛物线镜面反射器，使眩光减至最小程度；反射器须由高反射率之铝片制成；
- 指定带棱形镜面的照明器须设计成具有低亮度、无眩光的功能；镜面须由符合ASTM规范的透明注模的丙烯酸塑料制成，其厚度不得少于4mm；
- 供一般照明用途的镜面须为四方的锥棱形；黑板和告示牌用照明器的镜面须为横向棱形条纹；
- 照明器的光度特性须等于或优于照明器表上的指定者；照明器样板在运至工地前须由有资质的试验室进行测试。

5.2.9 控制系统

照明控制系统是利用电磁调压及电子感应技术，对供电进行实时监控与跟踪，自动平滑地调节电路的电压和电流幅度，减少不必要的照明使用时间及强度，改善照明电路中不平衡负荷所带来的额外功耗，提高功率因素，降低灯具和线路的工作温度，达到优化供电照明控制系统的目的。

- 系统可控制任意回路连续调光或开关；
- 场景控制：可预先设置多个不同场景，在场景切换时淡入、淡出；
- 可接入各种传感器对灯光进行自动控制；
- 移动传感器：对人体红外线检测达到对灯光的控制；如人来灯亮，人走灯灭（暗）；
- 光亮照度传感器：对某些场合可根据室外光线的强弱调整室内光线，如学校教室的恒照度控制；
- 时间控制：某些场合可以随上下班时间调整亮度；
- 红外遥控：可用手持红外遥控器对灯光进行控制；
- 系统联网：可系统联网，利用上述控制手段进行综合控制或与楼宇智能控制系统联网；
- 可由声、光、热、人及动物的移动检测达到对灯光的控制。

5.2.10 要求

（1）保证质量的特殊要求

- 照明器内的一切部件宜选用与照明器同一厂商的产品，以保证一致性；所有相同的部件须可互相替换；
- 除另有规定外，所有提供的照明器均须符合照明器表上所示的制造厂商标准，除非因不配合而须改装照明器以适应电线管端接，但不应影响产品的质量。

（2）照明系统的安装

- 照明器须按标准的方式予以牢固的支撑；照明器的安装高度标示于图上，并可根据工地现场具体情况略作调整；
- 安装悬挂在顶棚内的照明器的最终接线须敷设于挠性电线管内；
- 条形荧光灯照明器须适合于直接或通过悬挂底板装在出线盒上；当直接安装于墙或顶棚板上须安排2只出线盒支撑；当需用吊管悬挂时，正常的安装方法须用半球盒盖，电线管垂杆至照明器，用黄铜六角套筒自照明器内穿出，经联结器与垂杆连接，每只照明器至少须有两根悬杆，当条形照明器未能完全盖住圆形出线盒时，须用0.5mm厚的白色焙漆饰面的软钢盖遮住出线盒；
- 不得利用照明器作回路布线的过线盒；
- 当照明器由吊链悬挂，吊链须为20mm椭圆链环镀铬钢链；引至照明器的电源线须取自顶棚板上装入圆形出线盒内的接线座；
- 部分照明灯具由内装分包提供及安装，本承包单位须协调分包单位需求及图纸所示，提供供电点及配出电缆设置于挠性电线管内，并适当地悬挂于吊顶内待接。

5.2.11　维护

（1）维护类别

分为日常巡检和定期检查、维护。

日常巡检：外观每周一次。

定期检查：通电使用状态，每半年一次。

（2）定期检查维修的周期要考虑的因素

设备的重要性：对于重要的照明装置，必须严格按计划检修。

环境条件：如在含盐高、高温、含二氧化硫等气体的地方，检修周期可定为3个月或更短时间。

工作条件：要考虑装置的操作频率及负载类别，对于工作频繁操作，必须加强定期检查。

（3）日常维护

- 外观检查：目视检查，外观应符合外观要求的规定；
- 灯具外观有无损坏、变色；
- 光源有无闪烁，明显暗淡；
- 变压器有无噪声。

（4）定期维护项目

- 清除尘埃和污物（特别是绝缘体、导体）；
- 导体联结处是否松动，接触点是否磨损需要更换；
- 测试使用区域的照度；
- 调试控制系统；
- 其他易损件的更换。

（5）重点及特殊维护

在装置正式投入使用后需要着重进行下述项目的检查：

- 各电器组件或导线连接位置应异常发热，严重变色现象；
- 每次雷雨天气后应检查室外光源（航空障碍灯）是否遭受过电压而损坏；
- 用不小于500V DC绝缘表随机测量电路对地绝缘电阻不得低于1MΩ。

5.3　运行

5.3.1　机房管理

因为电气系统的管理基本上都是在机房进行操作的，因此机房的管理是用户管理的主要内容，本工程的主要电气机房有变配电室、发电机房等。

5.3.1.1　配电室管理

配电室是大楼供电系统的关键部位，设专职电工对其实行24小时运行值班。未经许可，非工作人员不得入内。

值班员必须持证上岗，熟悉配电设备状况、操作方法和安全注意事项。

值班员必须密切注意电压表、电流表、功率因数表的指示情况；严禁变压器、空气开关超载运行。

经常保持配电室地面及设备外表无尘。

配电室设备的倒闸操作由值班员单独进行，其他在场人员只作监护，不得插手；严禁两人同时倒闸操作，以免发生错误。

因故需停某部分负荷时，应提前一天向使用该部分负荷的用户发出停电通知。

对于突发性的停电事故应通过电话、口头通知或广播向用户作出解释。

经常保持配电室消防设施的完好齐备，保证应急灯在停电状态下能正常使用。

做好配电室的防水、防潮工作，堵塞漏洞；严防蛇、鼠等小动物进入配电室。

值班员应认真做好值班记录和巡查记录，认真执行交接班制度。

5.3.1.2　发电机房管理

发电机房门平时应上锁，钥匙由配电室值班员管理，未经许可，非工作人员严禁入内。

配电室值班员必须熟悉发电机的基本性能和操作方法，发电机运行时，应作经常性的巡视检查。

平时应经常检查发电机的机油油位、冷却水水位是否合乎要求，柴油箱中的储备油量应保持能满足发电机带负荷运行8小时用油量。

发电机定期空载试运行。平时应将发电机置于自动起动状态。

发电机一旦起动运行，值班员应立即前往机房观察，启动送风机，检查发电机各仪表指示是否正常。

严格执行发电机定期保养制度，做好发电机运行记录和保养记录。

定期清扫发电机房，保证机房和设备的整洁；发现漏油、漏水现象应及时处理。

加强防火和消防管理意识，确保发电机房消防设施完好齐备。

5.3.2　主要电气设备操作与保养

5.3.2.1　高压开关装置

高压开关装置包括断路器、隔离开关、母线、电压互感器、电流互感器、电力电容器、高压熔断器等。其操作、保证安全用电的主要内容如下：

（1）断路器

- 严禁将拒绝跳闸的断路器投入运行；

- 电动合闸时，应监视直流屏放电电流表的摆动情况，以防止烧坏合闸线圈；

- 电动跳闸后，如发现绿灯不亮，红灯已灭，应立即拔掉该断路器的操作小保险，以防止烧坏跳闸线圈；

- 在带电情况下，严禁用千斤顶进行缓慢合闸；

- 断路器的负荷电流一般应不超过其额定值，在事故情况下，断路器的负荷不应超过额定值的10%，时间不得超过4 h。

（2）隔离开关

隔离开关没有灭弧装置，不能用它来切断负荷电流和短路电流，只能隔离电源并造成一个明显的可见间隙，保证工作人员的安全。可以用其进行下列操作：

- 断开和接通电压互感器和避雷器；

- 主变压器中性点接地闸刀的合分（系统无接地故障时）。

（3）互感器

- 6~10 kV的电压互感器在母线接地2h以上时，应注意电压互感器的发热；

- 电压互感器的二次线圈应接地，严禁通过它的二次侧向一次侧倒送电；在电压互感器上工作时，特别要注意二组电压互感器的二次侧不能有电的联系；

- 在运行中电压互感器的二次侧不许短路，以防烧坏二次线圈；电流互感器在运行中不允许开路，以防由于铁芯过饱和出现的高电压损坏设备及威胁运行人员的安全。

（4）母线

母线是变电室集中电能和分配电能的装置，母线在通过短路电流后不应发生明显的弯曲变形和损伤。母线及其连接点在通过允许电流时，温度不应超过70℃。

（5）继电保护及二次回路

运行中的继电保护及自动装置不能任意投入、退出或变更整定值；需投入、退出或变更整定值时，应接到有关上级的通知或命令后执行。凡带有电压的电气设备，不允许处于无保护的状态下运行。应定期试验自动装置的动作情况。

5.3.2.2　变压器

检修变压器时要悬挂接地线，对变压器储存电能放电，先接接地端，后接变压器放电端。

5.3.2.3　柴油发电机

开动柴油发电机时应注意以下参数：

- 机组的运转声音和振动应正常；

- 发电机出口空气温度、发电机绕组温度、各个轴承温度、各处润滑油温度及机组冷却水温度均应在规程允许范围内；

- 发电机的输出电压、输出电流、频率、有功功率、无功功率、励磁电压、励磁电流均应不超过额定值；

- 如果发电机励磁系统没有使用无刷励磁装置，则还应对滑环、整流子和碳刷进行检查，发现有火花时要及时处理；

- 要及时补油。

5.3.3 保养周期与保养内容

5.3.3.1 高压开关柜

高压开关柜包括断路器、隔离开关、母线、电压互感器、电流互感器、电力电容器、高压熔断器等。

其主要保养内容如下：

（1）隔离开关

- 隔离开关三相接触应紧密，导电杆无弯曲及烧损现象；

- 套管及支持绝缘子清洁、无裂缝及放电声；

- 所有连接点的示温片是否熔化，特别是铜铝接头应严格检查，在高峰负荷期间或对接点有怀疑时应采用红外线测温仪进行温度测量，不得超过70℃。

（2）互感器

- 油位、油色、示油管是否正常；

- 油浸式互感器外壳应清洁、无渗油、漏油；

- 接点示温片是否熔化，接点是否熔化；

- 套管和支持绝缘子应清洁、无裂纹及放电声；

- 有无不正常的响声；

- 外壳接地是否良好、完整。

（3）母线

- 母线在通过短路电流后不应发生明显的弯曲变形和损伤。母线及其连接点在通过允许电流时，温度不应超过70℃；

- 插接式母线不防水，故应特别注意防水；此外，应特别注意零线插接部分是否接触良好，压缩弹簧有否老化现象。

（4）电力电容器

正常情况下电容器的投入与退出，必须根据系统的无功分布以及电压情况来决定。此外，根据规定，当母线电压超过电容器额定电压的1.1倍，电流超过额定电流的1.3倍时，应将电容器退出运行。当发生下列情况之一，应立即将电容器停下并报告上级：

- 电容器爆炸；
- 接头严重过热或熔化；
- 套管发生严重放电闪络；
- 电容器严重喷油或起火；
- 环境温度超过 40℃。

（5）电缆

- 电缆终端头是否有液体渗出；
- 连接点示温片是否熔化，接头是否变色；
- 套管和支持绝缘子是否清洁、有无裂缝及放电声；
- 在检修和每周巡视时，应检查电缆外壳接地是否良好、完整。

（6）继电保护及二次回路

- 检查各表计指示是否正确，有否过负荷、超温的现象，仪表指针有无弯曲现象、停滞现象，电压是否符合规定；
- 检查监视灯指示是否正确；
- 检查光字牌是否良好；
- 检查继电器盖及封印是否完整，良好；
- 信号继电器是否掉牌；
- 检查信号灯、警铃和蜂鸣器是否良好；二次小闸刀、小开关位置是否正确；
- 检查继电器运行是否有异常现象，压板位置是否正常。

5.3.3.2　低压开关柜

（1）准备工作

- 在配电柜停电保养的前一天通知用户停电启止时间；
- 停电前做好一切准备工作，特别是工具的准备应齐全，办理好工作手续；
- 由维修组组长负责统一指挥，力求参加保养工作的人员思想一致，行动统一，分工协作合理，以便高效率完成工作。

（2）保养程序

- 实行分段保养，先保养重要负荷（消防、保安用电等）段；
- 停重要负荷电，其余负荷照常供电；断开供保安用电的空气开关，断开发电机空气开关，把大电机选择开关置于"停止"位置，拆开蓄电池正、负极线，挂标示牌，以防发电机发送电；
- 检查母线接头处有无变形，有无放电变黑痕迹，紧固联结螺栓，螺栓若有生锈应予更换，确保接头连接紧密；检查母线上的绝缘子有无松动和损坏；

- 用手柄把总空气开关从配电柜中摇出，检查主触点是否有烧熔痕迹，检查灭弧罩是否烧黑和损坏，紧固各接线螺丝、清洁柜内灰尘，试验机械的合闸、分闸情况；

- 把各分开关柜从抽屉柜中取出，紧固各接线端子；检查电流互感器、电流表、电度表的安装和接线，检查手柄操作机构的灵活可靠性，紧固空气开关进出线，清洁开关柜内和配电柜后面引出线处的灰尘；

- 保养电容柜时，应先断开电容器总开关，用10mm以上的导线把电容器逐个对地放电，然后检查接触器、电容器接线螺丝、接地装置是否良好，检查电容器有无胀肚现象，并用吸尘器清洁柜内灰尘；

- 重要负荷段保养完毕，可启动发电机对其供电、停市电保养其余母线段；

- 逐级断开低压侧空气开关，然后断开供变压器电的高压侧真空断路器，合上接地开关，悬挂"禁止合闸，有人工作"标示牌；

- 按前述所有要求保养完毕配电柜后，拆除安全装置；

- 断开高压侧接地开关，合上真空断路器，观察变压器投入运行无误后，向低压配电柜逐级送电，并把重要负荷由发电机供电转为市电供电。

5.3.3.3 变压器

（1）巡视保养周期

运行人员：有人值班的变电室每小时一次。无人值班的变电室每天一次，每周进行一次夜间熄灯检查。

维修人员：每月进行一次检查。

（2）维护保养内容

- 检查温度是否正常；

- 检查高、低压套管是否清洁，有无裂纹和放电痕迹，导体连接处有无发热、变色现象；

- 变压器有无异常响声或声响有无变化；声响增大要及时分析找出原因。

5.4 检测

5.4.1 计量装置

5.4.1.1 设置原则

- 根据用途、产权归属、运行管理及相关专业要求设置电能计量仪表；

- 每栋独立建筑物应设置电能计量装置；

- 低压配电柜各馈出回路处宜设置电能计量装置；

- 办公建筑、商业建筑中的租售单元应以户为单位设置电能计量装置；
- 国家机关办公建筑及大型公共建筑的分项计量应将建筑用电系统按空调采暖、照明系统、室内设备、综合服务、特殊区域、外供电等功能分类，分别计量；同一用电功能类别下应按管理区域的不同分项采集；
- 计量装置宜集中设置在变配电室、配电间、电气竖井、电表箱等处，条件受限时，可采用远程抄表系统或卡式电表；
- 电能计量装置中的专用电压、电流互感器或专用二次绕组及二次回路不得接入与电能计量无关的设备。

5.4.1.2 配置原则

- 对用电负荷小的用户，宜选用过载 4 倍及以上的电能表；
- 低压供电用户的负荷电流在 50A 及以下时，宜采用直接接入式电能表；
- 低压供电用户的负荷电流在 50A 以上时，宜采用经电流互感器接入的计量方式；
- 执行分时电价的用户，应选装具有分时计量功能的复费率电能表或多功能电能表；
- 用电分类计量系统采用的智能数显仪表须配置通信端口，支持信息数据远传。

5.4.2 状态指标

应按《建筑照明设计标准》GB 50034 中的照明功率密度值的指标及《城市夜景照明设计规范》JGJ/T 163 的节能要求对典型房间或场所的功率密度值进行复核，并对不满足要求的场所进行技术改造。

未使用高效光源的，应更换节能型的高效光源。光源的能效值应满足现行国家标准的要求。

未使用高效灯具的，应更换节能型的高效灯具。灯具效率应满足《建筑照明设计标准》GB 50034 的要求。

应监测每台变压器的低压侧输出电压，使其轻载时不超过400/230V，满载时不低于380/220V，当不满足上述要求时，宜调节变压器高压侧的分接头；变压器的额定容量应满足全部用电负荷的需要，变压器不能长时间处于过负荷状态；变压器负载率宜在60%以上。

6 故障诊断

6.1 蓄冷系统

蓄冷系统	典型故障	故 障 诊 断
双工况冷水机组	机组不运行	1）接触器未闭合 2）接触器卡住 3）电动机超载保护 4）断线 5）线组断路 6）压缩机卡住 7）一相缺电
	排气压力过高	1）冷凝器进水温度过高或流量不够 2）冷凝器中的管束过脏或结垢 3）冷凝器上进气阀未完全打开 4）冷却水流量不足 5）系统内有空气或不凝结气体 6）制冷机充灌过多
	排气压力过低	1）通过冷凝器的水流量过大 2）冷凝器的进水温度过低 3）大量液体制冷剂进入压缩机 4）制冷剂充灌不足 5）吸气压力低于标准
	吸气压力过低	1）孔板节流口有堵塞 2）蒸发器中的管束过脏或堵塞 3）负荷小于机组产热量 4）未完全打开冷凝器制冷剂液体出口阀 5）制冷剂过滤器有堵塞 6）膨胀阀调整不当或故障 7）过量润滑油在制冷系统中循环
	吸气压力过高	1）制冷剂充灌过多 2）在满负荷时大量液体制冷剂流入压缩机
	压缩机因高压保护停机	1）通过冷凝器的水量不足 2）冷凝器管道堵塞 3）制冷剂充灌过量 4）高压保护设定值不正确
	压缩机因电动机过载停机	1）电压过高或过低或相间不平衡 2）排气压力过高 3）回水温度过高 4）过载原件故障 5）电动机或接线座短路

蓄冷系统	典型故障	故 障 诊 断
双工况冷水机组	压缩机因电动机温度保护而停机	1）电压过高或过低或相间不平衡 2）排气压力过高 3）回水温度过高 4）温度保护器件故障 5）制冷剂充灌不足 6）冷凝器气体入口阀关闭
	压缩机噪声与振动过大	1）轴承损坏或磨损过度 2）耦联装置在轴处松动 3）电动机与压缩机不对中 4）压缩机吸入液体制冷剂
	压缩机不能运转	1）过载保护断开或控制线路保险丝烧断 2）控制线路接触不良 3）压缩机继电器线圈烧坏 4）相位错误
	压缩机油压低	1）冷却水低温 2）油过滤器堵塞 3）供油电磁阀或油压变送器故障
	卸载系统不能工作	1）温控器故障 2）卸载电磁阀故障 3）卸载机构损坏 4）控制油路堵塞
冷冻水泵	启动后出水管不出水	1）进水管和泵内的水严重不足 2）叶轮旋转方向反了 3）进水和出水阀门未打开 4）进水管部分或叶轮内有异物堵塞
	启动后出水管压力表有显示，但管道系统末端无水	1）转速未达到额定值 2）管道系统阻力大于水泵额定扬程
	启动后出水管压力表和进水管真空表指针剧烈摆动	有空气从进水管随水流进泵内
	启动后一开始有水出，但立刻停止	1）进水管中有大量空气积存 2）有大量空气吸入
	在运行中突然停止出水	1）进水管、口被堵塞 2）有大量空气吸入 3）叶轮损坏严重
	轴承过热	1）润滑油不足 2）润滑油（脂）老化或油质不佳 3）轴承安装不正确或间隙不合适 4）水泵与电动机的轴不同心
	填料函漏水过多	1）填料压得不够紧 2）填料磨损 3）填料缠法错误 4）轴有弯曲或摆动

蓄冷系统	典型故障	故 障 诊 断
冷冻水泵	泵内声音异常	1）有空气吸入，发生气蚀 2）泵内有固体异物
	泵体振动	1）地脚螺栓或个别连接螺栓螺母有松动 2）有空气吸入、发生气蚀 3）轴承破坏 4）叶轮破坏 5）叶轮局部有堵塞 6）水泵与电动机的轴不对称 7）水泵轴承弯曲
	流量达不到额定值	1）转速未达到额定值 2）阀门开度不够 3）输水管道过长或过高 4）管道系统管径偏小 5）有空气吸入 6）进水管或叶轮内有异物 7）密封环磨损过多 8）叶轮磨损严重 9）叶轮紧固螺丝松动使叶轮打滑
	电动机耗用功率过大	1）转速过高 2）在高于额定流量和扬程的状态下运行 3）填料压得过紧 4）水中混有泥沙或其他异物 5）水泵与电动机的轴不同心 6）叶轮与蜗壳摩擦
蓄冷槽	蓄冷槽漏水	1）连接蓄冷槽的橡胶软管破裂 2）供冷管或回流管的溢流阀坏损 3）泄漏防护装置未打开 4）蓄冷槽被腐蚀
蓄冰槽	蓄冷槽底部不平	1）未用混凝土台支撑 2）未用隔热材料作支垫 3）地面不平整、水平度不好
	蓄冷槽变形	蓄冷槽容量过大，因自重变形
	蓄冰槽变形	蓄冰槽容量过大，因自重变形
	乙二醇溶液渗漏	施工过程中未进行严格的严密性试验
	局部形成冷桥	1）槽与下面的支撑未进行隔冷处理 2）槽本体的绝热保温不够 3）乙二醇溶液在蓄冰过程中与周围环境温差大 4）蓄冰槽的保温厚度小于冷冻水的保温厚度
	蓄冰量不够	1）载冷剂分配不均 2）蓄冰球填充不均匀 3）冰槽底部无冰球 4）槽底卸球孔堵塞

Application Guide for Shanghai Green Building Design

故障诊断

蓄冷系统	典型故障	故 障 诊 断
蓄冰槽	载冷剂流动短路	载冷剂没有均匀地流过槽体内部的冰球
	盘管漏水	1）盘管腐蚀 2）溢流阀门损坏
	融冰不均匀	1）盘管布置不合理 2）蓄冰槽的保温层厚度不够 3）盘管长度不够 4）盘管下部未设置压缩空气管
	盘管堵塞	1）盘管管径很小，脏物堵塞 2）载冷剂没有经过过滤
膨胀阀	膨胀阀供液量不足	膨胀阀选择不当
	膨胀阀坏损	1）膜片坏损 2）密封盖密封性不好 3）阀体部分弹簧坏损
	被调参数发生周期性振荡	流量调节对过热度的影响滞后
	制冷系统效率下降	1）过热度增大 2）蒸发器出口过热度偏差较大
冷凝器	冷凝器失效	1）冷凝器内积存的冷却水未放干净，冷却管因结冰而膨裂 2）橡皮圈密封性差
	冷却水不足	未补充足够的经过软化处理的冷却水
压缩机	压缩机卡住	
	压缩机因高压保护停机	1）通过冷凝器的水量不足 2）冷凝器管道堵塞 3）制冷剂充灌过量 4）高压保护设定值不正确
	压缩机因电动机过载停机	1）电压过高或过低或相间不平衡 2）排气压力过高 3）回水温度过高 4）过载原件故障 5）电动机或接线座短路
	压缩机因电动机温度保护而停机	1）电压过高或过低或相间不平衡 2）排气压力过高 3）回水温度过高 4）温度保护器件故障 5）制冷剂充灌不足 6）冷凝器气体入口阀关闭
	压缩机因低压保护停机	1）制冷剂过滤器堵塞 2）膨胀阀故障 3）制冷剂充灌不足 4）未打开冷凝器液体出口阀

蓄冷系统	典型故障	故 障 诊 断	
压缩机	压缩机噪声与振动过大	1）轴承损坏或磨损过度 2）耦联装置在轴处松动 3）电动机与压缩机不对中 4）压缩机吸入液体制冷剂	
	压缩机不能运转	1）过载保护断开或控制线路保险丝烧断 2）控制线路接触不良 3）压缩机继电器线圈烧坏 4）相位错误	
	压缩机油压低	1）冷却水低温 2）油过滤器堵塞 3）供油电磁阀或油压变送器故障	
空调风机盘管	风机转但风量较小或不出风	1）送风挡位设置不当 2）过滤网积尘太多 3）管盘肋片间积尘过多 4）电压偏低 5）风机反转	
	吹出的风不够冷（热）	1）温度档位设置不当 2）盘管内有空气 3）供水温度偏高（低） 4）供水不足	
	振动与噪声偏大	1）风机轴承润滑不好或损坏 2）风机叶片积尘太多 3）风机叶轮与机壳摩擦 4）盘管和接水盘与供回水管及排水管不是软连接 5）出风口与外接风管或送风口不是软连接 6）风机盘管在高速、高档下运行 7）固定风机的连接松动 8）送风口百叶松动	
	有异物吹出	1）过滤网破损 2）机组或风管内积尘太多 3）风机叶片表面锈蚀 4）盘管肋片氧化 5）机组或风管内绝热材料破损	
	机组漏水	接水盘溢水	1）排水口（管）堵塞 2）排水不畅 3）接水盘倾斜方向不正确
		机组内管道漏水、结露	1）管接头连接不严密 2）管道有裸露部分，表面结露
		接水盘底部结露	接水盘底部绝热层破损或与底盘脱落
	机组外壳结露	1）机组内贴绝热材料破损或与内壁脱离 2）机壳破损漏风	

蓄冷系统	典型故障	故障诊断
空调风机盘管	凝结水排放不畅	1）外接管道水平坡度过小 2）排水口（管）部分堵塞
热换器	板片间堵塞	1）板片之间间隙很小，水中存在杂质 2）未加装过滤器
	制冷剂侧蒸发温度下降	水侧堵塞
	热换器冻裂	板间水结冰

6.2 热泵系统

热泵系统	典型故障	故障诊断
热泵机组	轴承温升过高	1）润滑油（脂）不够 2）润滑油（脂）质量不良 3）风机轴与电动机轴不同心 4）轴承损坏 5）两轴承不同心
	噪声过大	1）叶轮与进风口或机壳摩擦 2）轴承部件磨损 3）转速过高
	振动过大	1）地脚或其他连接螺栓松动 2）轴承磨损或松动 3）风机轴与电动机轴不同心 4）叶轮与轴的连接松动 5）叶片质量不对称或部分叶片磨损、腐蚀 6）叶片上附有不均匀的附着物 7）叶轮上的平衡块质量或位置不对称 8）风机与电动机的两皮带轮轴不平行
	叶轮与进风口或机壳摩擦	1）轴承在轴承座中松动 2）叶轮中心未在进风口中心 3）叶轮与轴的连接松动 4）叶轮变形
	出风量偏小	1）叶轮旋转方向反了 2）阀门开度不够 3）皮带过松 4）进风或出风口、管道堵塞 5）转速不够 6）叶轮与轴的连接松动 7）叶轮与进风口间隙过大 8）风机制造质量有问题，达不到铭牌上标定的额定风量
	电动机温升过高	1）风量超过额定值 2）电动机或电源方面有问题

热泵系统	典型故障	故障诊断
热泵机组	传动皮带方面的问题	1）皮带过松（跳动）或过紧 2）多条皮带传动时松紧不一 3）皮带易自己脱落 4）皮带磨损、油腻或脏污 5）皮带擦碰皮带保护罩 6）皮带磨损过快
水泵	启动后出水管不出水	1）进水管和泵内的水严重不足 2）叶轮旋转方向反了 3）进水和出水阀门未打开 4）进水管部分或叶轮内有异物堵塞
	启动后出水管压力表有显示，但管道系统末端无水	1）转速未达到额定值 2）管道系统阻力大于水泵额定扬程
	启动后出水管压力表和进水管真空表指针剧烈摆动	有空气从进水管随水流进泵内
	启动后一开始有水出，但立刻停止	1）进水管中有大量空气积存 2）有大量空气吸入
	在运行中突然停止出水	1）进水管、口被堵塞 2）有大量空气吸入 3）叶轮损坏严重
	轴承过热	1）润滑油不足 2）润滑油（脂）老化或油质不佳 3）轴承安装不正确或间隙不合适 4）水泵与电动机的轴不同心
	填料函漏水过多	1）填料压得不够紧 2）填料磨损 3）填料缠法错误 4）轴有弯曲或摆动
	泵内声音异常	1）有空气吸入，发生气蚀 2）泵内有固体异物
	泵体振动	1）地脚螺栓或个连接螺栓螺母有松动 2）有空气吸入、发生气蚀 3）轴承破坏 4）叶轮破坏 5）叶轮局部有堵塞 6）水泵与电动机的轴不对称 7）水泵轴承弯曲
	流量达不到额定值	1）转速未达到额定值 2）阀门开度不够 3）输水管道过长或过高 4）管道系统管径偏小 5）有空气吸入 6）进水管或叶轮内有异物 7）密封环磨损过多

热泵系统	典型故障	故 障 诊 断
水泵	流量达不到额定值	8）叶轮磨损严重 9）叶轮紧固螺丝松动使叶轮打滑
	电动机耗用功率过大	1）转速过高 2）在高于额定流量和扬程的状态下运行 3）填料压得过紧 4）水中混有泥沙或其他异物 5）水泵与电动机的轴不同心 6）叶轮与蜗壳摩擦
冷冻水侧板式换热器	流体泄露	1）板片间的垫圈松动 2）压力过大 3）切口泄露区 4）密封垫圈松动
	水侧堵塞	1）水中存在杂质 2）水侧未加装过滤器
	制冷剂侧蒸发温度下降	水侧堵塞
	前后板间制冷剂分配不均	1）制冷剂气体和液体密度不同 2）蒸发器安装没有竖子安装
	水侧结冰	1）水流量较小 2）蒸发器的热交换面积小 3）进水管口未加装过滤器
	水槽漏水	1）软管老化 2）水槽腐蚀

6.3　锅炉系统

锅炉系统	典型故障	故 障 诊 断
燃烧系统	燃烧器不启动	1）进线无电 2）控制箱故障或保险丝熔断 3）恒温器接线不正确或接触不良或恒温器没有闭合
	燃烧器启动，但无火焰出现	1）油泵压力不正常 2）油中有水 3）冬季低温时油黏度过大 4）风门设置不当，风量过大 5）稳燃圆盘与燃烧头之间的气道太大 6）喷嘴堵塞或滤网脏了 7）燃油预热不充分
	燃烧器启动，但无火花出现	1）点火电路中断 2）点火变压器的导火线由于使用时间长而失效 3）点火变压器导线接触不良

故障诊断

Application Guide for Shanghai Green Building Design

锅炉系统	典型故障	故 障 诊 断
燃烧系统	燃烧器启动，但无火花出现	4）点火变压器坏了 5）点火电极间距不正确
	燃烧器启动，但不喷油	1）燃油没有到达油泵 2）油箱中无油 3）吸油嘴上阀门未打开 4）喷嘴堵塞 5）电动机转向相反 6）油泵故障 7）油压太低 8）电磁阀故障 9）雾化装置故障
	燃烧器点燃几秒后自动熄灭	1）通风不良 2）光敏电阻不通或油烟污染 3）光敏电阻回路中断 4）稳燃圆盘与燃烧器头脏污
	燃烧有火星但火焰不良	1）燃油太冷 2）雾化压力太低或太高 3）燃烧空气过多 4）喷嘴堵塞、脏污或磨损 5）油中有水 6）吸油管可能不密封或堵塞 7）油量不足
	火焰不良、抖动	1）气流过大 2）预热温度与所用的燃油种类不符 3）喷嘴堵塞、磨损或脏污 4）燃烧空气多 5）圆盘与燃烧头间气道过大
	火焰形状不好，有烟和烟灰	1）燃烧空气不足 2）喷嘴堵塞、磨损或脏污 3）燃烧室太小 4）燃油温度太低 5）耐火衬不合适 6）烟道堵塞 7）雾化压力过低
	燃烧器油泵出现噪声	1）油黏度偏高 2）油管的直径太小 3）进油管中油空气 4）油过滤器脏污 5）油箱与燃烧器之间距离过长或随机油泄漏过多 6）软管破损 7）在吸油管内区域上燃油结炭
汽水系统	水冷壁管汽水侧腐蚀	1）电化学腐蚀 2）水冷壁管氢损害 3）凝汽器管泄漏

锅炉系统	典型故障	故障诊断
汽水系统	水冷壁高温腐蚀	1）水冷壁上结渣（硫酸盐型或硫化物型） 2）空气量不够，缺氧燃烧形成还原性气氛
	炉外管爆破	1）材料机械强度下降 2）支吊架失效 3）管系膨胀手阻 4）管材料缺陷和焊接质量不良
	水冷壁管爆破	管道超温超压

6.4 冷媒输送系统

冷媒输送系统	典型故障	故障诊断
冷媒管	冷媒配管发生故障	1）固定支撑间隔不合适 2）配管外径与固定支撑间隔不适宜 3）冷媒配管与固定配管道的金属物件直接接触
	冷媒液管发生渗漏现象	1）管道腐蚀 2）密封性不够
	冷媒气管发生渗漏现象	1）管道腐蚀 2）密封性不够
	结露现象	固定金属物件未作隔热处理
	应力比较集中的位置产生过量载荷	冷媒管局部没有固定好
冷媒水泵	水泵吸不上水	1）启动前未灌水或灌水不足，真空泵抽不成真空 2）水泵转向不对 3）吸水管漏气或存在气泡，使真空度不够 4）底阀堵塞或漏水 5）水泵转速太低
	泵不吸水，真空表读数过大	1）水面产生漩涡，空气带入泵内 2）吸水阀门未开或阀门转轴锈住 3）叶轮进水口及流水道堵塞 4）吸程太高，水泵安装太高
	水泵压出口压力指示有压力，但水泵不出水	1）出水管阻力太大 2）水泵叶轮堵塞 3）泵转数不够
	水泵出水量过小，出水不畅	1）叶轮进水口被杂物堵塞 2）叶轮破损 3）吸水底阀堵塞 4）吸水管接头不严密

冷媒输送系统	典型故障	故　障　诊　断
冷媒水泵	水泵轴功率过大	1）填料函压得过紧，填料发热 2）水泵叶轮损坏 3）水泵供水量过大
	水泵响声异常，泵不上水	1）流量过大 2）吸水管阻力太大 3）吸水管有空气渗入 4）水温过高
	水泵机组振动和噪声过大	1）安装不良，水泵与电动机的同轴度相差大 2）泵轴弯曲 3）叶轮或平衡盘歪斜 4）水泵产生气蚀 5）轴承损坏及磨损 6）基础松软 7）地脚螺栓松动或未填实 8）泵内有严重磨损 9）出水管存留空气
	轴承过热	1）轴承缺油或油太多 2）油质不佳，含有杂质 3）油环停止转动或转动不灵活 4）轴承弯曲或联轴器没找正 5）轴承间隙太小 6）轴承损坏 7）平衡盘安装不正引起摩擦 8）叶轮平衡孔堵塞，泵轴向力不平衡 9）多级泵平衡轴向力装置失去作用
	电动机过载	1）电动机启动时，压水阀未关严 2）压水管破裂，水管漏损严重，导致水泵工作时流量过大，扬程低 3）平衡盘故障 4）转速高于额定值 5）电动机和水泵发生机械故障 6）转子安装倾斜，轴承、填料盒和密封环摩擦过大

6.5　空调水系统

空调水系统	典型故障	故　障　诊　断
水系统	水系统气塞	水管存在不合理坡度和走向
	流量减少	
	水流噪声	

空调水系统	典型故障	故障诊断
水系统	水停止循环或不能正常循环或不能充满系统	1）水系统气塞 2）膨胀管存在上凸现象 3）定压点离水泵太远 4）膨胀管管径偏小 5）风机盘管安装比供回水管高，风机盘管处形成气塞
	冷媒水系统堵塞	1）循环水中存在机械杂质、纤维杂质，在水系统的弯头、阀门、风机盘管的过滤器外形成堵塞 2）水循环受阻
	循环水中存在杂质	1）施工中管内处理不干净，有残留杂质 2）膨胀水箱管理不善，有杂物进入 3）系统冲洗时不彻底，没有把杂质全部冲出系统 4）对易堵点未设置过滤器
	冷却水系统堵塞	1）有些杂物（如枯树叶、小塑料袋等）被吸入冷却塔 2）循环水排出量太小，使循环水内的盐分积累成管道水垢，使水流通面积减小，形成堵塞 3）空气中含尘量大，水被污染后在管内形成泥垢
	水系统在开始运行时循环泵电流过大	泵超负荷运行
	压缩机吸气温度低于正常值	换热器不能给压缩机提供足够的负荷，换热器流量不足

6.6　空调风系统

空调风系统	典型故障	故障诊断
风机	噪声	1）皮带过松或过度磨损 2）压缩机安装支架松动 3）压缩机内部零件损坏 4）离合器打滑 5）鼓风机轴承缺油 6）鼓风机叶片断裂或与其他部件相碰
	无风或风量不足	1）风机电机电路损坏 2）风机叶片变形损坏 3）风机电路故障 4）鼓风机吸入口有障碍物 5）风管堵塞或脱开 6）蒸发器结霜 7）风扇扇叶脱落或损坏 8）空气过滤网或空气进口堵死
	风机异常	1）送风系统零部件故障 2）鼓风机开关不良 3）接线端子脱落

Application Guide for Shanghai Green Building Design

故障诊断

空调风系统	典型故障	故 障 诊 断
风机	风机异常	4）电压低 5）鼓风机变速故障 6）鼓风机本身叶片紧固不牢、叶片与外壳相碰、叶片变形
	送风不均匀	1）新风系统阻力不平衡 2）风管尺寸不合适，风压不平衡
风道	风量泄漏值过大	1）管道密封不够 2）管道与通风井连接不严密 3）风口损坏
	风道堵塞	1）杂物进入风道 2）安装时风管未清理干净
	新风质量不达标	1）未及时维修和清洗过滤器 2）风管内有机物腐烂，进入送风系统
冷却盘管	电磁阀打不开	1）电路故障 2）电磁阀线圈故障
	风机盘管堵塞	1）系统管路中污物不断积累 2）系统使用前没有清洗
	噪声过大	1）风机轴承缺油 2）风机固定螺栓松动，造成风机外壳振动而噪声增大
	滴水盘冷凝水外溢	1）机组安装时冷凝水管的安装坡度不正确，导致凝结水外排不畅 2）冷凝水管的安装坡度正确，但由于长期运行后灰尘积累较多堵塞水盘出水口，导致凝结水外排不畅 3）冷冻水管或阀门处保温不良，形成凝结水滴落

6.7 变配电系统

变配电系统	典型故障	故 障 诊 断
电力变压器	导电回路故障	1）引线接触不良 2）线圈导线接头焊接差以及虚焊等
	调压开关故障	1）调压开关主触头没有到位 2）调压开关抽头引线松动 3）调压开关触头烧毛 4）调压开关触头接触压力不够 5）有载调压开关中切换开关接触不良 6）切换开关触头烧毛 7）过渡电阻短线
	绝缘损坏和绝缘材料的热解	1）变压器进水受潮 2）密封不良进水 3）油质不良（介损偏大，微生物，含水量高等） 4）内部局部过热

变配电系统	典型故障	故 障 诊 断
电力变压器	变压器的局部放电	1）油中存在气泡或固体绝缘材料中存在空穴或空腔，在气隙中容易引起放电 2）油处理不彻底使油中析出气泡 3）制造质量不良
	火花放电	1）悬浮电位引起火花放电 2）硅钢片磁屏蔽和各种紧固用金属螺栓等，与地的连接松动脱落 3）悬浮电位放电变压器高压套管端部接触不良 4）油中杂质的影响
	高能量放电	1）引线断裂 2）绕组匝层间绝缘击穿
	过热故障	导体故障、磁路故障、接点和连接不良
	变压器渗漏油故障	1）油箱焊缝开裂 2）平面接缝处渗油 3）拐角及加强筋连接处渗油 4）高压套管升高座或进人孔法兰渗油 5）胶垫安装不合适 6）低压侧套管渗漏 7）油箱内部积存油污杂质 8）油箱循环管路有放电痕迹 9）局部油漆脱落和锈蚀
	绕组故障	1）绕组表面脏污 2）绕组变形 3）绕组移位、倾斜 4）绕组绝缘层破损 5）油道堵塞 6）绕组线匝破损裸露
	引线及绝缘支架	1）分接线有断股、开焊、过热等现象 2）绝缘支架松动、损坏、移位 3）螺钉松动
	套管堵塞	套管内有油污、杂质
	防爆管内部锈蚀和油垢	1）未及时清洗 2）密封垫圈损坏
	防爆膜片破损	防爆管与储油柜间未加装吸湿器
	变压器烧坏	1）过电压 2）过负荷 3）变压器压侧发生接地、相间短路 4）高压线圈损坏 5）操作不当
	变压器风扇损坏	

变配电系统	典型故障	故 障 诊 断
电力变压器	绕组绝缘电阻低、吸收比小	1）密封不严、出现漏油 2）绕组受潮 3）绝缘电阻下降
	绕组三相直流电阻不平衡	
	绕组局部放电或闪络	绝缘电阻下降
	绕组短路故障	
	绕组接地故障	
	绕组击穿和烧毁	1）绕组及绝缘油受潮 2）绝缘电阻下降
	软连接渗漏油	1）密封胶垫的材质问题 2）密封胶垫老化与龟裂 3）装配程序不符合工艺要求 4）密封面不清洁或凹凸不平
	硬连接渗漏	1）焊缝中有气孔 2）焊缝中有夹杂物 3）焊接热裂纹
配电装置	漏电保护器误动作	1）接线错误 2）接地不当 3）过电压 4）电磁干扰 5）汞弧灯和荧光灯回路的影响 6）环流的影响 7）工作零线绝缘电阻过小 8）过载和短路的影响
	配电线路漏电	
	配电装置工作正常，电压表指示正常，电源或断路器合闸指示灯不亮	指示灯线路不通或发光二极管损坏
	隔离插销合闸卡滞	插座与触头中轴线偏离过大，或触桥排列不齐
	隔离插销严重发热	触头、触桥烧损或触桥弹簧退火
	锁紧保压故障	油缸不能锁紧
	低压熔芯烧断	线路短路或工作电流过大
	真空断路器电动合闸拒合，手动合闸正常	配电装置的控制线路、断路器的电动合闸电极或机构故障
	过载、短路、漏电、监视等保护工作不正常	高压综合继电保护装置故障
二次系统	直流回路故障	二次系统接地、耦合传递、负载不对称、三相TV伏安特性不一致
	交流回路故障	
	测量表计回路故障	

故障诊断

Application Guide for Shanghai Green Building Design

变配电系统	典型故障	故 障 诊 断
二次系统	控制回路故障	
	信号回路故障	
	操作电源回路故障	
	继电保护回路故障	
	自动装置回路故障	
	电压互感器高压保险熔断	
	电压互感器低压保险熔断	
	一次系统接地故障	
	铁磁谐振现象	
	接线错误	
	系统单相接地故障	
	系统电压不平衡	1）主变压器空载运行 2）低压侧母线桥和空母线的对地电容不相等
	二次回路电压异常	1）互感器三相负载不对称 2）接线错误 3）TV三相伏安特性不一致
柴油发电机	发动机不能正常启动	1）燃油中有空气 2）调整位置不对 3）电压过低 4）传感器不能正常启动 5）传感器损坏或传感器与飞轮间隙不正确
	启动后运转不稳定	1）调整不当 2）二极管及电阻损坏
	启动时无空载电压	1）失磁 2）二极管损坏、励磁电枢短路
	电压太低	1）磁场绕组短路 2）旋转二极管损坏 3）主转子绕组开路
	电压太高	1）磁场绕组短路 2）旋转二极管损坏 3）主转子绕组开路
	电压振荡	AVR损坏
	空载时电压正常，负载时电压过低	1）旋转二极管损坏 2）主转子短路 3）励磁机电枢故障
	运行中电压消失	1）励磁机绕组开路 2）AVR故障 3）主转子开路或短路

变配电系统	典型故障	故 障 诊 断
柴油发电机	转速不稳定	1）保险丝熔断 2）继电器的常开触点接触不好 3）工作电源不能保持 4）内部控制电路故障
	冷却水温度过高	
	冷却水进水压力过低或中断	
	润滑油出机温度过高	
	润滑油进机压力过低	
	柴油机转速过高	
	日用燃油箱油面(位）过低	
空压机	无法启动	1）小型断路器跳闸 2）主机电机或风机继电器动作 3）电源相序接反 4）运行按钮接触不良 5）电动机故障 6）电器线路松脱 7）从控制盘上读取错误信息 8）远程接触序接有误 9）主机故障
	运转电流过高，热继电器经常跳闸，保险丝烧断	1）排气压力过高 2）润滑油规格不正确 3）油气细分离器堵塞 4）供电电压异常 5）附近有强烈的冲击振动 6）主机故障 7）电路接点接触不良
	排气温度经常过高	1）润滑油不足 2）冷却水量不足 3）冷却水温度不足 4）滤尘网堵塞 5）润滑油规格不正确 6）油过滤器堵塞 7）断油阀故障 8）风机故障 9）热电偶传感器连接线松脱 10）油冷却器堵塞
	停机时大量油雾或有油从空气过滤器冒出	1）断油阀泄漏 2）排气单向阀泄漏 3）进气单向阀泄漏 4）卸荷阀关闭不严
	低压时无法正常加载	1）控制调整不正确 2）控制管路受阻

变配电系统	典型故障	故 障 诊 断
空压机	低压时无法正常加载	3）泄放管路故障 4）压力控制阀设定不当或故障 5）卸荷阀动作不良 6）控制管路严重泄漏 7）最小压力阀动作不良
	高压时无法自动卸载运转	1）控制调整不正确 2）卸荷阀动作不良 3）控制管路受阻 4）泄放管路故障 5）卸荷阀下面密封垫损坏
	耗油量大	1）气体的含油量高 2）装置和衬垫漏油
	空气中含油量高	1）油气罐中油加得太满 2）回油管堵塞、损坏或松动 3）油气细分离器滤芯破裂 4）装配松动 5）最小压力阀不起作用 6）在高排气温度下运转 7）使用不正确的油
	压缩机组排气量低于正常值	1）空气滤清器堵塞 2）进气阀动作不良 3）油气细分离器堵塞 4）压力控制设定不当 5）卸荷电磁阀、安全阀或其他管路有泄漏 6）主机故障 7）最小压力阀故障
	加载、卸载转换次数频繁	1）管路泄漏 2）加载、卸载设定压差太小 3）空气消耗量不稳定
	运行过程中分水器不能排水	排放管堵塞

6.8 照明控制系统

照明控制系统	典型故障	故 障 诊 断
照明设备	整条照明线路上的灯全不亮	1）照明配电箱无电 2）照明配电箱内接触器、开关、熔丝等触头接触不良 3）电源开路（包括相线或中性线断路）
	灯全部不亮且熔丝熔断	电路短路
照明配电管	照明配电管的操作巡视通道堵塞	
	导电部分的个接点处有过热或弧光灼伤现象	

照明控制系统	典型故障	故 障 诊 断
照明配电管	各种仪表及指示灯不完整	
	开启式负荷开关及瓷插式熔断器的外绝缘短缺或损坏	
	开启式负荷开关及瓷插式熔断器的内部因熔体熔断而形成积炭	
	箱门破损	
	灯泡忽亮忽暗或忽亮忽熄	1）灯座开关等处接线松动 2）熔丝接触不牢 3）灯丝正好中断在挂灯丝的钩子处，受振后忽接忽离 4）电源电压不正常或附近电动机对接入电源的影响 5）电路接头松动
	灯光强白	1）灯丝短路 2）灯泡额定电压与电源电压不符
	灯光暗淡	1）灯泡内钨丝蒸发后积累在玻璃壳内 2）灯泡使用寿命已到 3）电源电压过低 4）线路因潮湿或绝缘损失而有漏电现象
	灯泡光线闪亮	线路中某一地方接线欠佳
	开关外壳麻电	1）外壳有水或受潮后漏电 2）外壳油污尘埃太多吸潮后漏电 3）胶木外壳质量欠佳
	灯泡破裂	1）有水滴在泡壳上 2）与物体接触 3）灯具与泡壳互相接触 4）灯泡质量欠佳
节能灯具	启动器不工作	1）供电电压太低 2）镇流器不配套 3）接线错误或接线不佳 4）辉光启动器已坏
	辉光启动器能工作，灯管不亮	1）环境温度太低 2）灯管质量不好
	不能发光，或发光困难	1）电源电压太低或线路压降大 2）启动器老化损坏或内部电容短路，或接线断路 3）接线错误 4）灯丝熔断或灯管漏气 5）气温过低
	灯光闪烁	1）接线错误或灯座灯脚等接头松动 2）启动器内电容器短路或接触点跳不开 3）电源电压太低或线路电压降大 4）空气温度过低

照明控制系统	典型故障	故 障 诊 断
节能灯具	无线电干扰	1）同一电路灯管反放射电波的辐射 2）收音机与灯管距离太近 3）镇流器质量不佳
	杂声及电磁声	1）镇流器质量较差，或铁芯硅片钢无夹紧 2）线路电压升高或过高而引起镇流器发出声音 3）镇流器过载，内部短路 4）镇流器有微弱声
	镇流器受热	1）灯架温度过高 2）电路电压过高或容量过载 3）内部线圈或电容器短路，或接线不牢 4）灯管闪烁时间或连续使用时间过长
照明电路	照明电路短路	1）接线错误 2）绝缘导线的绝缘层损坏 3）用电器具接线不好，接线相碰 4）灯头内部损坏，金属片相碰短路 5）灯头进水
	照明电路漏电	1）电线连接处漏电 2）开关、插座等处漏电 3）双根电线绞合处漏电 4）应套瓷管的地方漏套 5）电能表的接线没有接好或接错 6）电线的线头和电气装置的接线桩没有接好

6.9 监测控制系统

监测控制系统	典型故障	故 障 诊 断
电脑网络系统	物理层中物理设备相互连接失败或者硬件及线路本身的问题	1）设备的物理连接方式不合理 2）连接电缆错误 3）Modem、CSU/SU等设备的配置及操作错误
	数据链路层的网络设备的接口配置问题	1）路由器的配置问题 2）连接端口的共享同一数据链路层的封装问题
	网络层网络协议配置或操作错误	1）动态路由器选择过程的故障 2）RIP或者IGRP路由协议出现故障
	网络连接类故障	1）双绞线故障 2）水晶头故障 3）交换机故障
	网卡类故障	1）网卡硬件故障 2）无法安装网卡 3）网络配置问题 4）网卡驱动故障

监测控制系统	典型故障	故 障 诊 断
电脑网络系统	网络资源共享故障	不能访问局域网中的共享资源
	网络服务器故障	1）服务器的某项服务被停止 2）系统资源不足与病毒问题 3）网段与流量
电话交换系统	无响铃	1）分机设置转移 2）分机振铃开关关闭 3）分机未挂好 4）话机振铃部分故障
	无拨号声	1）开关没有弹起 2）线路中断 3）水晶头接触不良 4）没有电源供给主机 5）外线故障 6）主机不工作
	噪声大	1）外线接触不良 2）线路陈旧，阻抗增大 3）话机故障
	提机就断线	1）电脑话务员噪声太大 2）话机水晶头松动 3）话机手柄水晶头松动
综合布线系统	电缆故障	1）模块、接头的线序错误 2）链路的开路、短路、超长等 3）电气性能故障
	电气性能故障	1）电缆本身质量问题 2）施工过程中电缆过度弯曲、电缆捆绑太紧、过力拉伸 3）靠近干扰源等 4）近端串扰、衰减、回波损耗等
	接线图错误	1）反接 2）错对 3）开路、短路 4）串绕
	信号衰减	1）由于电缆的电阻以及绝缘材料等造成的电能泄漏，导致信号沿着链路传输时信号幅度的减弱 2）现场的温度、湿度、频率、电缆长度等不符合要求
	近端串扰	1）电缆不合格 2）接插件端接时工艺不规范
无线信号覆盖系统	无线连接速率下降	1）开启了无线网卡的节电模式 2）无线设备之间有遮挡物 3）其他干扰设备
	无线网络不能接收数据	1）无线连线问题 2）无线的硬件和设置问题 3）没有正确与网络连接

Application Guide for Shanghai Green Building Design

故障诊断

监测控制系统	典型故障	故 障 诊 断
无线信号覆盖系统	信号强度出现弱点	1）频点 2）干扰 3）硬件问题
	信号质量出现差点	1）频点 2）干扰 3）硬件问题
	无线网络设备故障	
数字视频监控及防盗报警系统	摄像机坏损	1）没有做好防尘、防雨、抗高低温、抗腐蚀 2）摄像机本身质量问题
	图像产生明显的噪声、失真	1）传输系统在衰减方面、引入噪声、幅频特性和相频特性差 2）传输部件问题
	电源不正确引发设备故障	1）供电线路或供电电压不正确 2）功率不够 3）供电系统的传输线路出现短路、断路、瞬间过压等 4）设备本身的质量问题
	设备（或部件）与设备（或部件）之间连接不正确	1）阻抗不匹配 2）通信接口或通信方式不对应 3）驱动能力不够或超出规定的设备连接数量
	视频传输中，在监视器的画面上出现一条黑杠或白杠	1）系统产生了地环路而引入了交流电的干扰 2）摄像机或控制主机的电源性能不良或局部损坏
	监视器上出现木纹状的干扰	1）视频传输的质量不好，特别是屏蔽性能差 2）供电系统的电源不"洁净"，电源上叠加有干扰信号 3）系统附近有很强的干扰源
	监视器上产生较深较乱的大面积网纹干扰	由于视频电缆坚硬的芯线与屏蔽网短路、断路造成
	监视器的画面上产生若干条间距相等的竖条干扰	由于传输线的特性阻抗不匹配引起
	传输线引入空间辐射干扰	在传输系统、系统前端或中心控制室附近有较强的、频率较高的空间辐射源
	云台在使用后不久就运转不灵或根本不能转动	1）产品质量因素 2）摄像机安装不正确，导致云台运转负荷加大 3）摄像机及其防护罩等重量超过云台的承重量 4）室外云台因环境温度过高、过低，防水、防冻措施不良
	键盘无法通过解码器对摄像机和云台进行遥控	距离过远，控制信号衰减过大，解码器收到的信号太弱
	监视器的图像对比度太小，图像淡	1）控制器和监视器的本身问题 2）传输距离过远或视频传输衰减太大
	色调失真	传输线引起的信号高频段相移过大
	操作键盘失灵	
	主机对图像的切换不干净	主机的矩阵切换开关质量问题

续表

监测控制系统	典型故障	故 障 诊 断
彩色LED显示系统	整模块不亮	1）模块没有接上电源 2）输入排线插反 3）输入输出颠倒 4）电源正负接反
	模块不亮传输正常	保护电路损坏
	整屏不亮或出现方格	1）控制主机是否开启 2）通信线没插好 3）发送卡未插好 4）多媒体卡与采集卡，发送卡之间的数据线未连好 5）接收卡开关位置不对
	整屏画面晃动或重影	1）电脑与大屏之间的通讯线连接问题 2）多媒体与发送卡的DVI线连接问题 3）发送卡坏
	一单元板不亮	1）短路或断路 2）没有信号
	上半部分或下半部分红色或绿色不亮 或不正常显示	1）输入排阵脚不正常或短路 2）输入排阵之间信号不正常
	LED闪烁	接触不良
	LED昏暗	1）LED极性接反 2）LED太长 3）开关电源和LED电压标号不一致
一卡通系统	门误开	1）手动开门按键有误接触，或其连接线较长，有破皮，导线有误接触 2）消防联动输入"MDIN"信号参考地选择不好，"消防主机"在消防报警时输出的继电器信号有两个触点，其1触点应接门禁控制机的信号地（电源地），其第2触点接"MDIN"
	刷卡显示"HALT"	1）控制器在"常闭门布防"，不接受刷卡、不接受键盘输入用户号加密码开门等 2）被误设置临时常闭门
	手动开门按键没有反应	1）按键接触不好 2）控制器第1控制字的C1（1字节）的D4位置被设置成1，关闭了手动按键"开门"功能 3）控制器有问题
	合法刷卡后已关闭红外报警，延时后 又报警	1）电脑软件在工作，通过联网将"红外"监控又开启 2）"布防时段"开启
	"红外"报警无法关闭	1）没有设置好控制器内有关对"红外"的设置项目 2）电脑软件内设置不当
	"门状态"报警无法关闭	未安装"门磁"又没有设置好控制器内有关对"门磁"的设置项目
	刷卡显示ERR08	1）在控制器里找不到这张卡的号码 2）电脑软件内卡号的"获取方法"与设备内的卡号"获取方法"设置不一致

6.10 光伏发电系统

光伏发电系统	典型故障	故 障 诊 断
太阳能电池组件	太阳电池组件电性能不够	1）太阳电池连接方式不合理 2）挑选的电池组件电性能参数不一致
	太阳电池组件腐蚀	1）环境湿度大 2）受到风沙、冰雹等自然灾害 3）太阳光谱成分和光强变化大
	电池组件输出特性受到影响	1）负载阻抗与组件匹配不好 2）日照强度 3）电池组件的电池温度较高 4）热斑效应
	电缆短路	
	电池正负极误接短路	
	电池组温度过高	
	电池组件有缺陷	1）开裂、弯曲、不规则或损伤的外表面 2）有裂纹或破碎的单体电池 3）互联线或接头有毛病 4）电池互相接触或与边框相接触 5）密封材料失效 6）在组件的边框和电池之间形成连续通道的气泡或脱层 7）引线端失效，带电部件外漏 8）接线盒安装不牢固
控制器	控制器指示灯不亮	1）控制器质量问题 2）光电池连线错误 3）接触不良
	系统超压	控制器的系统电压与蓄电池的电压不一致
	无输出	负载短路或超过最大电流
	不能充电	蓄电池及太阳能电池板接线松动
逆变器	逆变器输出正常，但蜂鸣报警变为一秒钟叫一次	1）由于太阳光不足，造成蓄电池没有及时充饱 2）在有太阳光时，蓄电池的端电压正常，可一旦开逆变器向负载供电时蓄电池电压很快下降，蓄电池内阻已经变大 3）蓄电池电压偏低
	逆变器输出正常，但蜂鸣报警变为一秒钟叫两次	负载过重
	逆变器工作正常，但过一定时间后便长鸣且无输出，过几分钟后又能自动恢复正常供电，反复巡回出现	1）逆变器控制系统的功率模块温度过高造成 2）风扇出口被堵塞
	无法启动逆变器	蓄电池电压过低引起
	开机后逆变器长鸣且无输出	逆变器的控制系统内部故障

光伏发电系统	典型故障	故障诊断
逆变器	电解液温度高	1）充电电流太大 2）电池内部极板短路，或极板硫酸盐化 3）连接条焊接处部分损坏或脱离松劲
蓄电池	极板硫酸盐化的现象	1）电池使用不当，长期充电不足，或半放电状态，过量放电或放电后不及时充电 2）内部短路，电解液密度过高温度高，液面低使极板外露
	极板弯曲和断裂	1）极板活性物质在制造过程中因涂膏不均或运输保管中受潮，蓄电池在充放电时，极板各部分所引起的电化学变化不均，使极板各部分膨胀和收缩不一致，引起弯曲和断裂 2）大电流充放电或高温放电时，极板上活性物质反应较强烈，容易造成电化学反应不均而引起弯曲和断裂 3）电池使用后未进行充电而保存，板栅与较多的硫酸和硫酸铅接触，加速了板栅腐蚀，造成板栅筋条和极板断裂 4）过量充电或过量放电，增加了内层活性物质的膨胀和收缩，恢复过程不一致，造成极板的弯曲和断裂
	活性物质过量脱落	1）电池槽底部在短时间内集积了大量褐色沉淀 2）沉淀物为白色时，是由于经常过量放电，致使活性物质成硫酸铅沉淀，或电解液中有杂质，特别是氯过量太多而形成氯化铅沉淀 3）沉淀物形成褐、浅蓝、白色互相交叠，堆积，说明了电池内进入了铁、铜等有害杂质 4）如果发现脱落物质是黏稠状的，说明电解液不纯，密度较大或电池充放电温度高，使极板腐蚀脱落；如果沉淀物成块状，说明铅膏质量工艺较差，电池装配中造成活性物质脱落
	短路现象	1）导电物体落入电池内造成正负极板短路 2）焊接装配时有"铅豆"在正负极板之间造成短路 3）隔板穿孔或孔径太大使极板在充放电时形成的"铅绒"穿透隔板，造成短路 4）极板弯曲变形而损坏隔板或活性物质脱落，沉淀在极板下缘造成短路
	反极现象	1）装配中单格电池极群组接反 2）电池在使用中，由于某个单格电池容量降低，甚至完全丧失容量
	容量降低现象	1）极板有硫酸盐化现象 2）电解液混入了有害杂质 3）电池是否有局部短路 4）电池因使用时间较长是否有板栅腐蚀，极板断裂，活性物质过量脱落
	电压异常现象	1）充电不完全 2）电解液密度偏低
	冒气异常现象	1）充电电流太小，或电池充电还未充足 2）电池内部短路

Application Guide for Shanghai Green Building Design

故障诊断

光伏发电系统	典型故障	故 障 诊 断
蓄电池	冒气异常现象	3）极板硫酸盐化 4）电解液杂质较多
	电解液温度高	1）充电电流太大 2）电池内部极板短路，或极板硫酸盐化 3）连接条焊接处部分损坏或脱离松劲

6.11 给排水系统

给排水系统	典型故障	故 障 诊 断
给水系统	室内给水管道水流不畅或管道堵塞	1）安装前未认真清理管道内部，断口有毛刺或缩口现象 2）施工过程中，管道未及时封堵或封堵不严，水箱未及时加盖，致使杂物落入，堵塞或污染管道 3）溢水管直接插入排水系统，造成污水污染水质 4）未按规定进行水压试验和通水前的冲洗
	水龙头常见故障	1）螺盖漏水 2）关不严 3）水龙头关不住
	室内给水管道阀门常见故障	1）盖母漏开关频繁，填料受磨损所致 2）阀门不通，闸板阀门感觉开不到头，再关也关不到底 3）阀门滴漏或产生管鸣
	给水道上阀门选择不当	
	水质不达标	给水管道上未安装防止倒流污染装置
	加压泵选择不当	
	气压给水设备选择不当	
	给水水表的选择不合理	
	给水网管压力过大	
	给水网管水头损失的取值不符合要求	
	给水管道布置不合理	
	给水管道渗漏	1）管材、管件和附件本身质量引起渗漏 2）安装人员技术不熟练或操作不当 3）由管道混凝土板面的预留洞所产生的渗漏
排水系统	排水管道的污水不符合规定	1）排入腐蚀泄水管道设施的污水 2）水质未进行预处理
	排水管道连接不合理	1）卫生器具排水管与排水横管没有垂直连接 2）排水管没有按照规定要求连接

给排水系统	典型故障	故 障 诊 断
排水系统	排水系统管道腐蚀和损坏	1）管材选择不当 2）管道清扫口设置不合理
	排水管堵塞	1）阀门失灵，阀门螺杆损蚀、折断 2）水箱内浮球阀失灵 3）管内杂质太多 4）施工中一些人为因素造成的管内有弃入物
	排水管漏水	
太阳能热水系统	放不出热水	1）真空管破坏 2）下水管道、阀门或接头漏水 3）自来水水压高 4）热水器多路出水，有串水现象 5）副水箱中的浮球阀关闭不严或失效
	太阳能漏水	1）真空管损坏 2）硅胶密封不严或损坏 3）溢流管堵塞，造成水箱抽瘪 4）混水阀串水 5）上水管压力过大、自动阀门关不严
	太阳能集热器	
	气堵现象	1）前后排集热器循环管连接不当 2）集热器与水箱连接的上循环管有反坡 3）整排集热器由东向西造成往下倾斜，致使循环不畅
	水位控制失灵	水位敏感元件长期泡在水中易结垢，往往容易失灵，造成误动作，发生满水溢流现象
	炸管问题	1）干晒，玻璃管内缺水 2）玻璃管质量不好
	密封件老化	
	管路连接处未安装到位	
	管路保温不好	
	软塑料管变形堵塞造成循环不畅	
	热水器安装固定不牢	
	辅助电加热器没有过热保护	
	电路导线漏电	
饮水系统	热水供水温度过低，引起细菌繁殖	最高水温和配水点的最低水温设置不合适
	冷、热水供水压差过大，增大了设备的阻力损失	1）冷、热水管径不一致 2）管长不同
	集中热水供应系统加热前未进行软化和水质处理	
	没对水力计算的结果进行修正	

给排水系统	典型故障	故 障 诊 断
饮水系统	没用补水压力校核水箱设置高度	
	补水管管径选取不当	
	补水管的接口位置选取不当	
	配水末端管径和回水管径确定不当	
	利用废热作为热媒时未采取相应措施，造成设备损坏	1）加热设备未设置防腐，其构造不便于清理水垢和杂物 2）热媒管道渗漏而污染水质 3）未消除废水压力波动和除油
	集中供应系统中未设置热水回水管道，热水不能循环使用	
	热水供应系统的管材和管件的选择不符合要求	
	管道直饮水系统的管材选择不合理	
	生活饮用水水质受到污染	生活饮用水贮水池未采取防污染措施
	水管出现压力倒流或破坏进水管可能出现虹吸倒流	生活饮用水水池（箱）的构造和配管设计不合理
	生活饮用水水管产生负压而使非饮用水被吸回生活饮用水水管，使生活饮用水水质受到严重污染	生活饮用水管道配水件出口设计不合理
	热水系统的膨胀管返至高位冷水箱上空，引起热污染	
	管道内蒸汽漏失	疏水器选用不合理
	管道破裂	热水管网上未采取补偿管道温度伸缩的措施
	循环水泵的选用和设置不符合相关规定	
	饮水系统电气线路存在问题	1）只有手控制功能 2）水泵不能自动转换，当一台水泵出现故障时，不能自动切换 3）没有储水罐缺水停泵报警电路 4）无反冲洗电动装置报警电路
雨水控制及利用系统	屋面虹吸雨水斗	
	高位水箱浮球阀出现故障	1）关不严 2）浮球阀不出水
	浮球阀不出水	1）阀芯挑杆锈蚀 2）阀座出水眼堵塞 3）阀芯锈蚀不能自如地活动
	管道质量缺陷	1）塑料管粘结接口破裂导致漏水或断裂 2）塑料管熔热操作中，管内径收缩或过大，对接中形成"假接"，造成关口渗漏 3）塑料管粘结时粘结剂外淌影响外观质量

给排水系统	典型故障	故 障 诊 断
水泵	水泵吸不上水	1）启动前未灌水或灌水不足，真空泵抽不成真空 2）水泵转向不对 3）吸水管漏气或存在气泡，使真空度不够 4）底阀堵塞或漏水 5）水泵转速太低
	泵不吸水，真空表读数过大	1）水面产生漩涡，空气带入泵内 2）吸水阀门未开或阀门转轴锈住 3）叶轮进水口及流水道堵塞 4）吸程太高，水泵安装太高
	水泵压出口压力指示有压力，但水泵不出水	1）出水管阻力太大 2）水泵叶轮堵塞 3）泵转数不够
	水泵出水量过小，出水不畅	1）叶轮进水口被杂物堵塞 2）叶轮破损 3）吸水底阀堵塞 4）吸水管接头不严密
	水泵轴功率过大	1）填料函压得过紧，填料发热 2）水泵叶轮损坏 3）水泵供水量过大
	水泵响声异常，泵不上水	1）流量过大 2）吸水管阻力太大 3）吸水管有空气渗入 4）水温过高
	水泵机组振动和噪声过大	1）安装不良，水泵与电动机的同轴度相差大 2）泵轴弯曲 3）叶轮或平衡盘歪斜 4）水泵产生气蚀 5）轴承损坏及磨损 6）基础松软 7）地脚螺栓松动或未填实 8）泵内有严重磨损 9）出水管存留空气
	轴承过热	1）轴承缺油或油太多 2）油质不佳，含有杂质 3）油环停止转动或转动不灵活 4）轴承弯曲或联轴器没找正 5）轴承间隙太小 6）轴承损坏 7）平衡盘安装不正引起摩擦 8）叶轮平衡孔堵塞，泵轴向力不平衡 9）多级泵平衡轴向力装置失去作用
	电动机过载	1）电动机启动时，压水阀未关严 2）压水管破裂，水管漏损严重，导致水泵工作时流量过大，扬程低

给排水系统	典型故障	故　障　诊　断
水泵	电动机过载	3）平衡盘故障 4）转速高于额定值 5）电动机和水泵发生机械故障 6）转子安装倾斜，轴承、填料盒和密封环摩擦过大
	填料函发热，渗漏水过少或没有	1）填料压得过紧 2）填料环安装位置不对 3）水封管堵塞 4）填料盒与轴不同心
	填料函渗漏过大	填料函压盖过松

7 引用标准

1 《绿色建筑评价标准》GB/T 50378—2019

2 《绿色建筑运行维护技术规范》JGJ/T 391—2016

3 《公共建筑绿色建筑设计标准》DG/TJ 08—2143—2018

4 《公共建筑节能设计标准》GB 50189—2015

5 《公共建筑节能设计标准》DGJ 08—107—2015

6 《建筑照明设计标准》GB 50034—2013

7 《建筑采光设计标准》GB 50033—2013

8 《民用建筑节水设计标准》GB 50555—2010

9 《民用建筑供暖通风与空气调节设计规范》GB 50736—2012